第一次全国自然灾害综合风险普查

贵州省福泉市气象灾害风险评估与区划报告

李 霄 严小冬 帅士章 主编

内 容 简 介

为全面掌握自然灾害风险隐患情况，提升全社会抵御自然灾害的综合防范能力，福泉市作为贵州省试点市参与了国务院下发的"第一次全国自然灾害综合风险普查"工作。本报告首次较为全面地展示了福泉市及所辖乡（镇、街道）1978—2020年暴雨、干旱、高温、低温、大风、冰雹、雷电和雪灾8种气象灾害的风险普查成果。普查工作通过对福泉市8种气象灾害的致灾因子特征分析，应用致灾危险性评估和灾害风险评估技术方法，结合福泉市生产总值(GDP)、人口、小麦、玉米、水稻的承灾体数据，得到福泉市8个单灾种气象灾害以及8个灾种综合气象灾害的致灾危险性等级划分区划成果及灾害风险等级划分评估成果；并针对不同灾种提出了不同的防灾减灾建议，为各级地方政府及各部门有效开展气象灾害防治工作和应急管理工作提供科学决策依据。

图书在版编目（ＣＩＰ）数据

贵州省福泉市气象灾害风险评估与区划报告 ／ 李霄，严小冬，帅士章主编. -- 北京：气象出版社，2023.9
ISBN 978-7-5029-8054-2

Ⅰ．①贵… Ⅱ．①李… ②严… ③帅… Ⅲ．①气象灾害－风险评价－福泉 Ⅳ．①P429

中国国家版本馆CIP数据核字(2023)第189450号

贵州省福泉市气象灾害风险评估与区划报告
Guizhou Sheng Fuquan Shi Qixiang Zaihai Fengxian Pinggu yu Quhua Baogao

出版发行：气象出版社	
地　　址：北京市海淀区中关村南大街46号	邮政编码：100081
电　　话：010-68407112（总编室）　010-68408042（发行部）	
网　　址：http://www.qxcbs.com	E-mail：qxcbs@cma.gov.cn
责任编辑：陈　红	终　　审：吴晓鹏
责任校对：张硕杰	责任技编：赵相宁
封面设计：地大彩印设计中心	
印　　刷：北京建宏印刷有限公司	
开　　本：787 mm×1092 mm　1/16	印　　张：7
字　　数：179千字	
版　　次：2023年9月第1版	印　　次：2023年9月第1次印刷
定　　价：70.00元	

本书如存在文字不清、漏印以及缺页、倒页、脱页等，请与本社发行部联系调换。

《贵州省福泉市气象灾害风险评估与区划报告》编委会

主　编：李　霄　严小冬　帅士章

副主编：刘　清　龙俐丛英　阮洪福

编　委：（以姓氏拼音字母为序）

陈　娟　陈怡璇　陈早阳　丁　旻　郭　茜
胡兴炜　黄晨然　黄　钰　蒋汉开　廖婷婷
兰方信　李　迪　李　皓　李进讷　李　珏
李　浪　李丽丽　李智玉　马勋丹　莫仕灯
彭宇翔　孙思思　谭　健　汤　宁　汤天然
唐明剑　万　超　万雪丽　汪　华　吴安坤
向淑君　许　丹　于　飞　曾　勇　张　波
张　弛　张东海　张娇艳　张小娟　张远洪
支亚京　周　涛

序

　　自然灾害是指自然界中发生的、能造成生命伤亡与财产损失的事件,其历来是各类风险分析和风险管理研究的重要对象。自然灾害风险是指在特定的时间和特定的区域内,由可能发生的特定自然现象所造成预期损失的程度。20世纪以来,自然灾害已经成为人类经济社会可持续发展面临的重大挑战。中国是世界上自然灾害最严重的国家之一,全球气候风险指数排名二十三,极易受极端天气气候事件影响。党的十八大以来,党中央将防灾减灾救灾摆在更加突出的位置,为全面掌握我国自然灾害风险隐患情况,提升全社会抵御自然灾害的综合防范能力,2020年7月,国务院部署启动"第一次全国自然灾害综合风险普查"工作。气象灾害是自然灾害风险评估与区划五大灾种之一,气象灾害风险普查,对自然灾害防治能力提升具有重要意义。可以更好地摸清各类灾害性天气可能致灾的风险点、风险区域和致灾的阈值,推动气象灾害风险预警业务的发展,更好地发挥气象防灾减灾第一道防线作用,为综合防灾减灾救灾提供更有力的支撑。气象灾害风险区划普查成果,为区域气象灾害防御标准提供科学指导,更有利于推进韧性城市、韧性乡村的建设,从根本上提高抵御各类气象灾害的能力。2021年,为了给全国全面铺开工作打好基础,福泉市被选为"第一次全国自然灾害综合风险普查"工作122个县级行政区试点之一,贵州省气象局随即全面部署启动福泉市气象灾害风险普查工作。

　　福泉市位于贵州省中部、黔南布依族苗族自治州北部,境内地势西部和北部较高,东部次之,中部和南部较低,最高海拔1715.8 m,最低海拔614 m,平均海拔1020 m。地貌类型以山地为主,丘陵次之,坝地较少。福泉市属亚热带湿润季风气候,四季分明,雨热同季,冬无严寒,夏无酷暑,气候类型多样,垂直差异明显。一年四季均有不同种类的气象灾害发生,主要包括暴雨、干旱、高温、凝冻、低温、冰雹、大风、雷电、大雾、秋绵雨等,主要气象灾害在贵州省及中国西南地区具有一定的代表性。福泉市有"亚洲磷都"之称,是"西部百强"县(市)和贵州省经济强县(市),气象灾害风险较大。本书首次展示了福泉市气象灾害综合风险普查成果,可为各级地方政府及各部门有效开展气象灾害防治工作和应急管理工作提供科学决策依据。

　　这是一本主要介绍福泉市气象灾害综合风险普查相关成果的书,涵盖了气象灾害致灾因子特征分析、致灾危险性评估、致灾危险性区划及灾害风险区划等主要技术方法和手段及其成果,可为从事自然灾害风险评估和区划研究、业务服务和管理工作的人员提供借鉴。

贵州省气象局党组书记、局长

2023年6月

前 言

党的十八大以来,以习近平同志为核心的党中央将防灾减灾救灾摆在更加突出的位置。为全面掌握我国自然灾害风险隐患情况,提升全社会抵御自然灾害的综合防范能力,国务院办公厅印发了《关于开展第一次全国自然灾害综合风险普查的通知》(国办发〔2020〕12号),定于2020—2022年开展第一次全国自然灾害综合风险普查工作。

根据《国务院第一次全国自然灾害综合风险普查领导小组办公室关于进一步做好普查地方试点工作的通知》(国灾险普办发〔2020〕4号)、《省人民政府办公厅关于开展贵州省第一次全国自然灾害综合风险普查的通知》(黔府办函〔2020〕50号)和《贵州省第一次全国自然灾害综合风险普查领导小组办公室关于印发〈"一省两市"试点评估与区划专项工作组方案〉的通知》(黔灾险普办函〔2022〕3号)要求,贵州省气象灾害综合风险普查技术组(以下简称技术组)对普查试点福泉市进行气象灾害风险普查。通过开展气象灾害风险普查,摸清福泉市气象灾害风险隐患底数,查明重点区域抗灾能力,客观认识福泉市气象灾害综合风险,提升气象灾害风险预报预警和管理能力。

本次普查的气象灾害包括暴雨、干旱、高温、低温、大风、冰雹、雷电和雪灾共8种,普查实施范围为福泉市及所辖乡(镇、街道),普查时间为1978—2020年。通过对福泉市8种气象灾害的特征调查和致灾孕灾要素分析,全面获取福泉市主要气象灾害的致灾因子信息,进行气象灾害的致灾因子危险性等级划分,建立气象灾害危险性基础数据库,并对承灾体的暴露度和脆弱性进行评估,完成气象灾害风险评估和等级划分。

在此基础上,技术组编写了《贵州省福泉市气象灾害风险评估与区划报告》,为地方政府及各部门有效开展气象灾害防治工作和应急管理工作提供科学决策依据。

编者
2023年5月

目 录

序
前言
第1章 概况 …………………………………………………………………………………（1）
1.1 自然环境概述 …………………………………………………………………………（1）
1.2 经济和社会发展概况 …………………………………………………………………（1）
1.3 承灾体分析 ……………………………………………………………………………（1）
第2章 暴雨 …………………………………………………………………………………（4）
2.1 数据准备与处理 ………………………………………………………………………（4）
2.2 技术方法 ………………………………………………………………………………（4）
2.3 致灾因子特征分析 ……………………………………………………………………（8）
2.4 致灾危险性评估与区划 ………………………………………………………………（13）
2.5 风险评估与区划 ………………………………………………………………………（16）
2.6 总结 ……………………………………………………………………………………（20）
第3章 干旱 …………………………………………………………………………………（21）
3.1 数据准备与处理 ………………………………………………………………………（21）
3.2 技术方法 ………………………………………………………………………………（21）
3.3 致灾因子特征分析 ……………………………………………………………………（23）
3.4 致灾危险性评估与区划 ………………………………………………………………（25）
3.5 风险评估与区划 ………………………………………………………………………（26）
3.6 总结 ……………………………………………………………………………………（30）
第4章 高温 …………………………………………………………………………………（31）
4.1 数据准备与处理 ………………………………………………………………………（31）
4.2 技术方法 ………………………………………………………………………………（31）
4.3 致灾因子特征分析 ……………………………………………………………………（32）
4.4 致灾危险性评估与区划 ………………………………………………………………（35）
4.5 风险评估与区划 ………………………………………………………………………（35）
4.6 总结 ……………………………………………………………………………………（39）

第 5 章 低温	(40)
5.1 数据准备与处理	(40)
5.2 技术方法	(41)
5.3 致灾因子特征分析	(44)
5.4 致灾危险性评估与区划	(49)
5.5 风险评估与区划	(49)
5.6 总结	(53)
第 6 章 大风	(55)
6.1 数据准备与处理	(55)
6.2 技术方法	(55)
6.3 致灾因子特征分析	(56)
6.4 致灾危险性评估与区划	(58)
6.5 风险评估与区划	(59)
6.6 总结	(62)
第 7 章 冰雹	(63)
7.1 数据准备与处理	(63)
7.2 技术方法	(64)
7.3 致灾因子特征分析	(66)
7.4 致灾危险性评估与区划	(69)
7.5 风险评估与区划	(69)
7.6 总结	(72)
第 8 章 雷电	(74)
8.1 数据准备与处理	(74)
8.2 技术方法	(75)
8.3 致灾因子特征分析	(77)
8.4 致灾危险性评估与区划	(82)
8.5 风险评估与区划	(82)
8.6 总结	(84)
第 9 章 雪灾	(85)
9.1 数据准备与处理	(85)
9.2 技术方法	(85)
9.3 致灾因子特征分析	(87)
9.4 致灾危险性评估与区划	(89)

9.5　风险评估与区划 …………………………………………………………………（90）
9.6　总结 ……………………………………………………………………………（92）

第10章　综合评估与区划及对策建议 …………………………………………………（93）
10.1　综合致灾危险性评估与区划 …………………………………………………（93）
10.2　气象灾害风险评估与区划 ……………………………………………………（94）
10.3　对策建议 ………………………………………………………………………（94）

附录A　技术方法 …………………………………………………………………………（96）
A.1　归一化处理 ……………………………………………………………………（96）
A.2　Pearson相关系数 ……………………………………………………………（96）
A.3　自然断点法 ……………………………………………………………………（96）
A.4　百分位数法 ……………………………………………………………………（97）
A.5　层次分析法 ……………………………………………………………………（97）
A.6　信息熵赋权法 …………………………………………………………………（98）
A.7　投影寻踪模糊聚类 ……………………………………………………………（99）
A.8　插值法 …………………………………………………………………………（99）

第1章 概　况

1.1 自然环境概述

福泉市位于贵州省中部，黔南布依族苗族自治州北部，介于东经 107°14′～107°45′和北纬 26°32′～27°02′之间。其东邻凯里市和黄平县，南与麻江县接壤，西界贵定、龙里、开阳三县，北与瓮安县相连，南北最长 55.2 km，东西最宽 52.1 km，总面积 1688 km²。境内地势西部和北部较高，东部次之，中部和南部较低，最高海拔 1715.8 m，最低海拔 614 m，平均海拔 1020 m。

福泉市气候温暖湿润，属亚热带湿润季风气候，冬季盛行干冷的西北风，夏季盛行温暖的东南风；受大气环流及地形等影响，气候呈多样性，立体气候明显。其主要气候特点为热量丰富、雨量充沛、四季分明：春季风和日丽；夏无酷暑，多雨湿润；秋季天高气爽，冷暖适宜；冬无严寒。无霜期长，光、热、水同季，适宜多种农作物生长发育。

1978—2020 年，福泉市年平均气温为 15.1 ℃，最热月（7 月）的平均气温为 24.3 ℃；最冷月（1 月）的平均气温为 4.3 ℃。年极端最高气温 35.8 ℃，出现在 2019 年 8 月 12 日；年极端最低气温－6.2 ℃，出现在 2008 年 1 月 27 日。年降水量为 1164.3 mm，其中，6—8 月降水量为 517.1 mm。最大风速为 12.9 m/s。

1.2 经济和社会发展概况

福泉市辖 2 个街道、5 个镇、1 个乡（金山街道、马场坪街道、凤山镇、牛场镇、陆坪镇、道坪镇、龙昌镇、仙桥乡）（图 1.1），包含 16 个居委会，60 个村委会，福泉市常住人口呈上升趋势，2016 年常住人口 33.38 万人，其中，非农业人口 6.2 万人，少数民族人口 8.54 万人。有汉、苗、布依、侗、彝、水等 32 个民族，截至 2020 年，增加至 34.8 万人（图 1.2）。

2020 年，福泉市生产总值（GDP）达 191.78 亿元（图 1.3），年平均增长 10.7%，分别高于贵州省和黔南布依族苗族自治州 2.2 个百分点、1.3 个百分点。固定资产投资年平均增长 13.7%，规模工业增加值年平均增长 10.6%，社会消费品零售总额年均增长 8.8%。综合经济实力跻身全省县域综合测评第一方阵前十强。

1.3 承灾体分析

根据国普办（国务院第一次全国自然灾害综合风险普查领导小组办公室）下发的福泉市 30″×30″网格承灾体数据进行绘制和分级，数据表明 GDP、人口高值区主要集中在县级行政区的中心区域（图 1.4）。小麦种植总面积为 111.53 hm²，全市所有乡（镇）均有种植；玉米种植总面积为 4932.84 hm²，种植面积较大的主要集中在牛场镇、凤山镇、仙桥乡和道坪镇；水稻种植

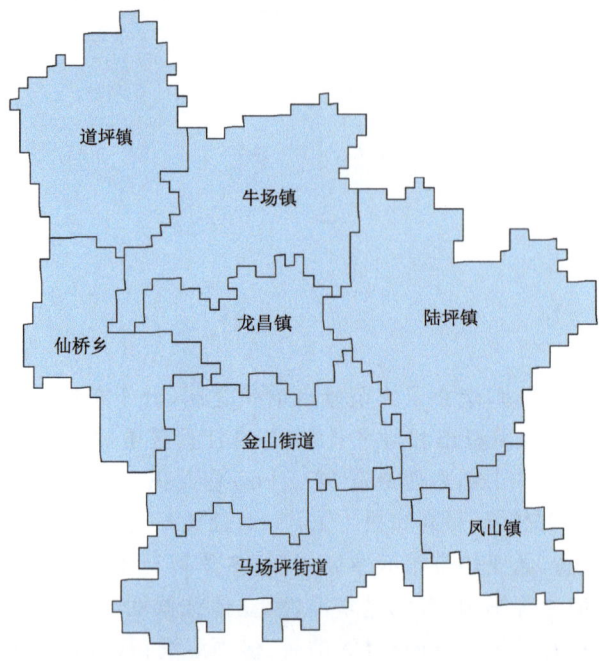

图 1.1　福泉市行政区划分布

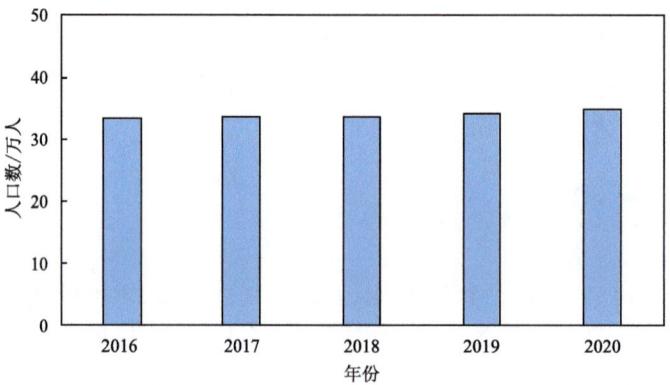

图 1.2　福泉市 2016—2020 年人口数变化

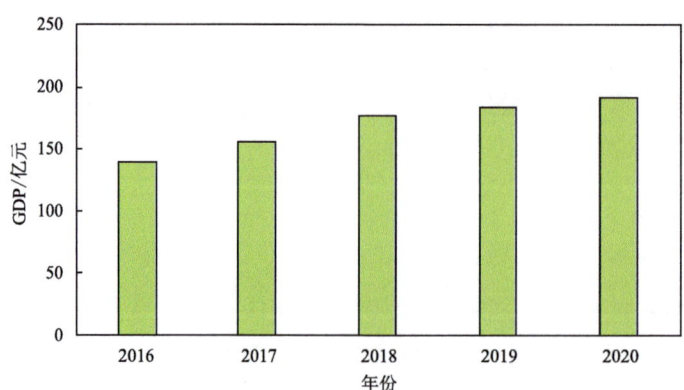

图 1.3　福泉市 2016—2020 年 GDP 变化

总面积为 9062.64 hm², 种植面积较大的主要集中在牛场镇、凤山镇、陆坪镇和龙昌镇(图 1.5)。

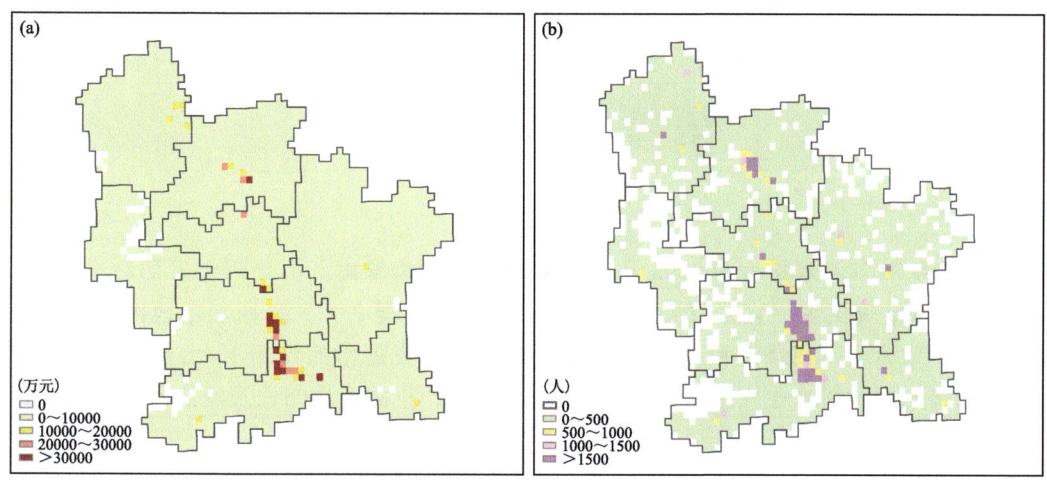

图 1.4 福泉市 GDP(a)、人口(b)空间分布

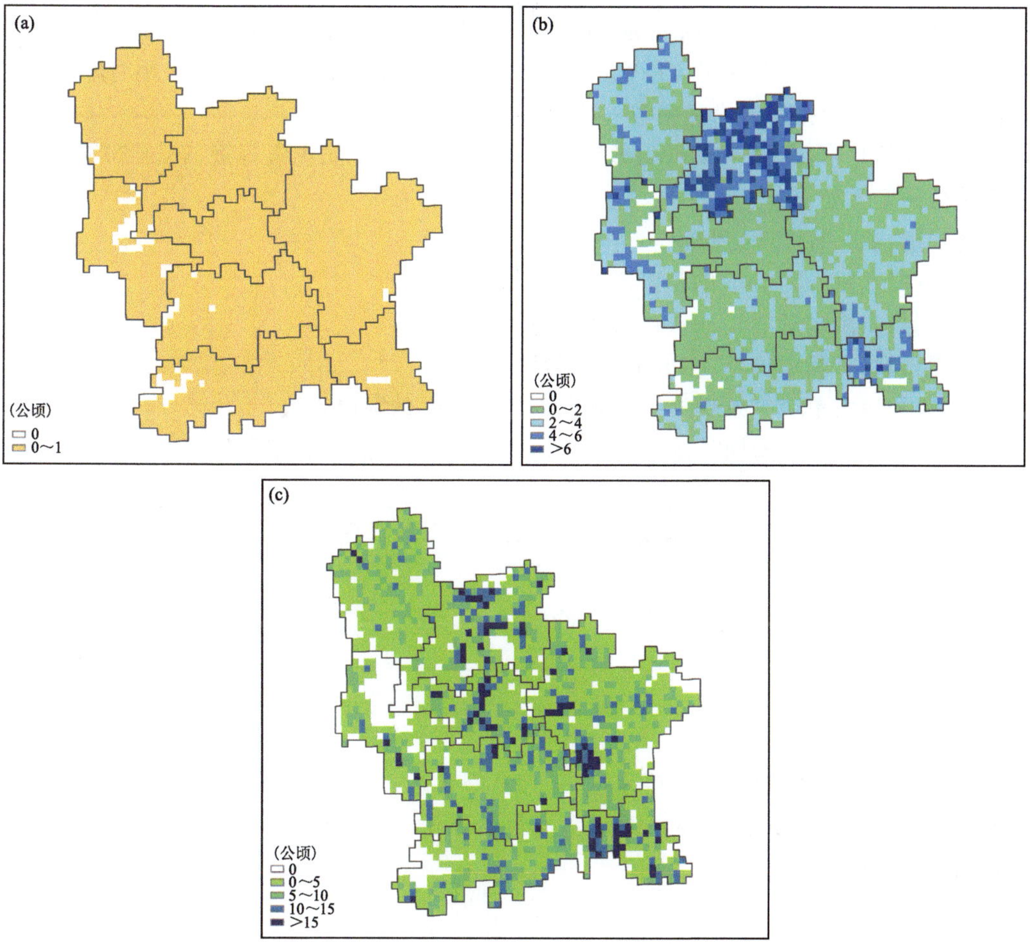

图 1.5 福泉市小麦(a)、玉米(b)、水稻(c)种植面积空间分布

第 2 章 暴 雨

气象上将 24 h 降水量为 50 mm 及以上的强降雨称为暴雨。由暴雨引发的城市内涝、山洪、泥石流、滑坡等灾害一直是贵州最主要的气象灾害类型之一。高原和山地由于其阻挡作用,大气运动常常会形成绕流和爬流等,易于引发暴雨。在暴雨的作用下,山地地形最易诱发山洪、泥石流和滑坡等次生灾害,这类灾害往往会造成严重的人员伤亡及经济财产损失。

2.1 数据准备与处理

本章使用的资料为福泉国家级地面气象站和 17 个区域自动气象站的降水数据,国家级地面气象站日降水量(20—20 时)时间为 1978—2020 年、小时降水量时间为 1978—2003 年历年同期 4—10 月和 2004—2020 年,17 个区域自动气象站日降水量(20—20 时)、小时降水量时间为建站至 2020 年,数据来源为贵州省气象信息中心。

基础地理信息:包括县界、DEM(数字高程模型)、水系、地质灾害等级、30″×30″网格。

有关名词定义如下:

日降水量:前一日 20 时到当日 20 时的累积降水量。

暴雨:日降水量≥50 mm 的强降雨。

暴雨日数:日降水量≥50 mm 的天数。

大暴雨日数:日降水量≥100 mm 的天数。

单站暴雨日数:单个气象观测站日降水量≥50 mm 的降雨天数。

单站暴雨过程:单站暴雨日持续天数≥1 d 或者间断日仅 1 d 且间断日降水量≥10 mm 的降水过程。

暴雨过程开始日/结束日:暴雨过程首个/最后一个暴雨日。

2.2 技术方法

2.2.1 致灾因子选取

选择暴雨持续天数、过程累积降水量、最大日降水量、最大小时降水量 4 个致灾因子指标来表达单站暴雨过程强度。缺少小时降水资料的年份,则选择暴雨持续天数、过程累积降水量、最大日降水量 3 个指标。

2.2.2 致灾危险性评估技术方法

2.2.2.1 暴雨过程强度指数及分级

(1)暴雨过程强度计算

根据识别出的致灾因子,对各评估指标进行归一化处理,采用信息熵赋权法确定权重,加权求和得到暴雨过程强度指数。

单站暴雨过程强度指数的计算见公式(2.1)。

$$I_R = A \times I_{1pre} + B \times I_{24pre} + C \times I_{pre} + D \times I_{day} \tag{2.1}$$

式中,I_R 为单站暴雨过程强度指数;I_{1pre}、I_{24pre}、I_{pre}、I_{day} 分别为最大小时降水量、最大日降水量、过程累积降水量、暴雨持续天数4个评估指标归一化处理后的数值;A、B、C、D 分别为 I_{1pre}、I_{24pre}、I_{pre}、I_{day} 评估指标的权重系数,权重系数采用信息熵赋权法确定。

(2)暴雨过程强度分级

将暴雨过程强度指数,采用百分位数法,划分为一般、中、偏强、极强4个等级(表2.1)。

表2.1 暴雨过程强度的等级划分及评估

百分位范围(R)	$R \leqslant 50\%$	$50\% < R \leqslant 75\%$	$75\% < R \leqslant 90\%$	$R > 90\%$
等级	Ⅳ级	Ⅲ级	Ⅱ级	Ⅰ级
评估	一般	中	偏强	极强

2.2.2.2 雨涝指数

累加当年逐场暴雨过程强度指数,得到年雨涝指数,并基于年雨涝指数建立1991—2020年的样本序列,用于风险评估与分区。

2.2.2.3 致灾危险性评估

致灾危险性评估主要考虑暴雨事件和孕灾环境,由年雨涝指数和暴雨孕灾环境影响系数两部分组成。

2.2.2.3.1 孕灾环境影响系数

暴雨孕灾环境指暴雨影响下,对形成洪涝、泥石流、滑坡、城市内涝等次生灾害起作用的自然环境。暴雨孕灾环境对暴雨成灾危险性起扩大或缩小作用。主要考虑地形、河网水系、地质灾害易发条件。

(1)地形因子影响系数

根据贵州省实际情况,参照标准《暴雨过程危险性等级评估技术规范》(DB33/T 2025—2017)对高程标准差值及海拔高度进行调整,确定两个指标的等级划分,并结合等级结果进行赋值,如表2.2所示。

表2.2 地形因子影响系数(p_h)赋值

高程标准差	海拔高度/m				
	<600	[600,800)	[800,1000)	[1000,1200)	≥1200
<5	0.9	0.8	0.7	0.6	0.5
[5,10)	0.8	0.7	0.6	0.5	0.4
[10,25)	0.7	0.6	0.5	0.4	0.3
≥25	0.6	0.5	0.4	0.3	0.2

(2)水系因子影响系数
① 水网密度法
水网密度指流域内河流长度与流域面积的比值,水网密度反映了一定区域范围内河流的密集程度,按公式(2.2)计算:

$$S_r = \frac{l_r}{a} \tag{2.2}$$

式中,S_r 为水网密度;l_r 为河流长度;a 为评估面积。

根据贵州省实际情况,运用水系数据,采用水网密度法进行计算并赋值,如表2.3所示。

表2.3 水网密度系数(p_{r1})赋值

水网密度	p_{r1}
<0.05	0
[0.05,0.2)	0.1
[0.2,0.4)	0.2
[0.4,0.8)	0.3
[0.8,1.6)	0.4
[1.6,3.2)	0.5
[3.2,6.0)	0.6
[6.0,12.0)	0.7
[12.0,20.0)	0.8
≥20.0	0.9

② 水体距离法
结合贵州省实际情况,根据距离水体(河流、湖泊、水库)的远近对影响系数进行取值,如表2.4所示。

表2.4 水体距离系数(p_{r2})赋值

距离水体/km	p_{r2}
<0.5	0.9
[0.5,1.0)	0.8
[1.0,1.5)	0.6
[1.5,2.0)	0.4
[2.0,2.5)	0.2
≥2.5	0

③ 水系因子影响系数
利用等权重的方式,根据公式(2.3)计算水系因子影响系数(p_r)。

$$p_r = 0.5 \times p_{r1} + 0.5 \times p_{r2} \tag{2.3}$$

(3)地质灾害易发条件系数
根据贵州省地质灾害易发程度,对地质灾害易发条件系数进行赋值,得到的结果如表2.5所示。

表 2.5　地质灾害易发条件系数(p_d)赋值

地质灾害易发等级	低易发	中易发	高易发
p_d	0.3	0.6	0.9

(4) 暴雨孕灾环境影响系数

将上述 3 个影响因子，按照信息熵赋权法进行权重的计算，根据下述公式进行暴雨孕灾环境综合指数及暴雨孕灾环境影响系数的计算。

$$I_e = w_h p_h + w_r p_r + w_d p_d \tag{2.4}$$

式中，I_e 为暴雨孕灾环境综合指数；p_h 为地形因子影响系数；p_r 为水系因子影响系数；p_d 为地质灾害易发条件系数；w_h、w_r、w_d 分别为地形因子、水系因子、地质灾害易发条件影响系数的权重。

$$I'_e = -c + 2c\left(\frac{I_e - I_{e\min}}{I_{e\max} - I_{e\min}}\right) \tag{2.5}$$

式中，I'_e 为暴雨孕灾环境影响系数；I_e 为暴雨孕灾环境综合指数；$I_{e\max}$ 为区域内最大暴雨孕灾环境综合指数；$I_{e\min}$ 为区域内最小暴雨孕灾环境综合指数；c 为常数，取值 0.2~0.4。

2.2.2.3.2　致灾危险性计算

基于多年平均年雨涝指数和暴雨孕灾环境影响系数，构建暴雨致灾危险性指数。

$$\text{暴雨致灾危险性指数} = (1 + \text{暴雨孕灾环境影响系数}) \times \text{年雨涝指数} \tag{2.6}$$

2.2.2.4　致灾危险性分区

基于暴雨致灾危险性指数，根据自然断点法，将暴雨致灾危险性划分为高(Ⅰ)、较高(Ⅱ)、较低(Ⅲ)、低(Ⅳ)4 个等级，按照行政区域绘制暴雨危险性区划空间分布图。

2.2.3　风险评估技术方法

致灾因子的危险性仅反映了暴雨可能产生的危害大小，而实际造成危害的程度还与承灾体特征有关。

2.2.3.1　主要承灾体暴露度

选取人口、经济、农业(玉米、水稻)承灾体进行暴露度分析，选择指标如下：

(1) 人口暴露度：人口数量(单位：人)；

(2) 经济暴露度：GDP(单位：万元)；

(3) 农业暴露度：玉米、水稻种植面积(单位：hm²)。

为了消除各指标的量纲差异，对人口暴露度、经济暴露度、农业暴露度指标进行归一化处理。

2.2.3.2　主要承灾体脆弱性

选取人口、经济、农业或其他特定承灾体进行脆弱性分析，选择指标如下：

(1) 人口脆弱性：因暴雨灾害造成的死亡人口和受灾人口占区域总人口比例；

(2) 经济脆弱性：因暴雨灾害造成的直接经济损失占区域 GDP 的比例；

(3) 农业脆弱性：农作物(玉米、水稻)成灾面积占种植面积的比例。

为了消除各指标的量纲差异，对人口脆弱性、经济脆弱性、农业脆弱性指标进行归一化处理。

2.2.3.3 暴雨灾害风险评估

根据暴雨灾害风险形成原理及评估指标体系,分别将致灾危险性、承灾体暴露度和承灾体脆弱性各指标进行归一化,再加权综合,建立风险评估模型。

$$MDRI = TI^{we} \times EI^{wh} \times VI^{ws} \qquad (2.7)$$

式中,MDRI 为暴雨灾害风险指数,用于表示暴雨灾害风险程度,其值越大,则暴雨灾害风险程度越大;TI 为暴雨致灾危险性指数;EI 为承灾体暴露度指数;VI 为承灾体脆弱性指数;we、wh、ws 分别为致灾危险性、承灾体暴露度和脆弱性指数的权重,可采用专家打分法、等权法、信息熵赋权法等确定。

根据风险评估模型,分别对不同承灾体进行风险评估。

如人口、经济及农业风险评估分别表示为:

(1)受灾人口风险=暴雨致灾危险性(危险性)^{we}×区域人口密度(暴露度)^{wh}×区域人口受灾率(脆弱性)^{ws} (2.8)

(2)GDP 损失风险=暴雨致灾危险性(危险性)^{we}×区域 GDP 密度(暴露度)^{wh}×区域直接经济损失(脆弱性)^{ws} (2.9)

(3)玉米风险=暴雨致灾危险性(危险性)^{we}×区域玉米种植面积(暴露度)^{wh}×区域玉米成灾率(脆弱性)^{ws} (2.10)

(4)水稻风险=暴雨致灾危险性(危险性)^{we}×区域水稻种植面积(暴露度)^{wh}×区域水稻成灾率(脆弱性)^{ws} (2.11)

若缺乏脆弱性资料,可只对致灾危险性和承灾体暴露度进行等权求积,得到风险评估结果。

2.2.3.4 暴雨灾害风险分区

依据风险评估结果,结合行政单元,采用自然断点法,对风险评估结果进行空间划分,将暴雨灾害风险划分为高(Ⅰ)、较高(Ⅱ)、中(Ⅲ)、较低(Ⅳ)、低(Ⅴ)5个等级。

2.3 致灾因子特征分析

2.3.1 降水量

图 2.1 是福泉市 1978—2020 年年降水量变化。从图中可以看出,福泉市多年平均年降水量为 1164.3 mm,最低值为 793.5 mm,出现在 1989 年,最高值为 1498.3 mm,出现在 2002 年。

图 2.2 是福泉市 1978—2020 年平均月降水量变化。从图中可以看出,福泉市多年平均月降水量最低值为 24.3 mm,出现在 12 月,最高值为 218.9 mm,出现在 6 月,其中,5—9 月降水量较多,各月均超过 100 mm。

2.3.2 最大连续降水量

图 2.3 是福泉市 1978—2020 年年最大连续降水量变化。从图中可以看出,福泉市多年平

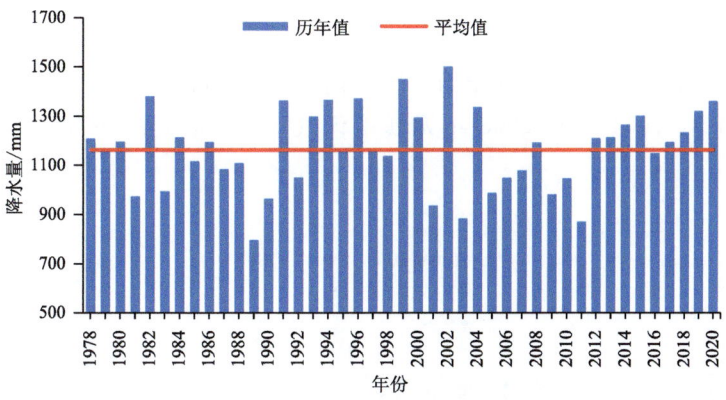

图 2.1　福泉市 1978—2020 年年降水量变化

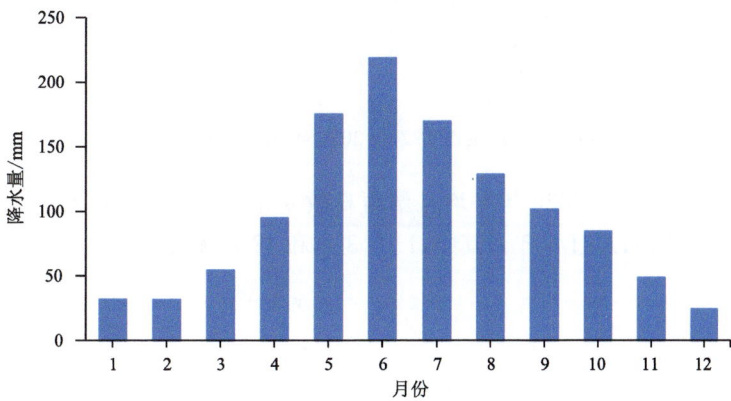

图 2.2　福泉市 1978—2020 年平均月降水量变化

均年最大连续降水量为 165.9 mm，最低值为 64.4 mm，出现在 2001 年，最高值为 332.5 mm，出现在 1991 年。

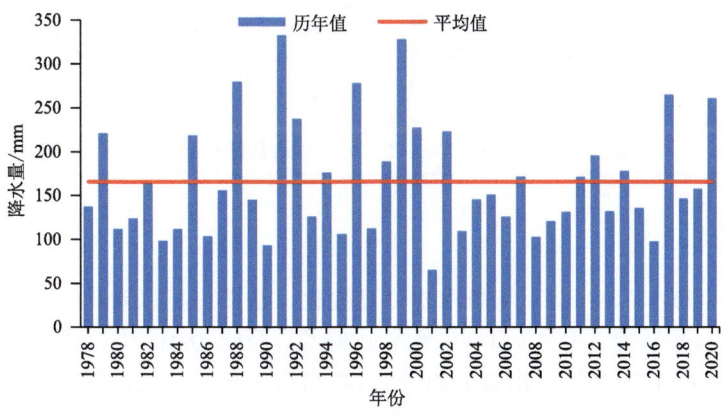

图 2.3　福泉市 1978—2020 年年最大连续降水量变化

2.3.3 暴雨日数

图2.4是福泉市1978—2020年暴雨日数变化。从图中可以看出，福泉市多年平均暴雨日数为2.9 d，1983年、2001年和2003年无暴雨天气出现，最高值为7.0 d，出现在1991与1999年。

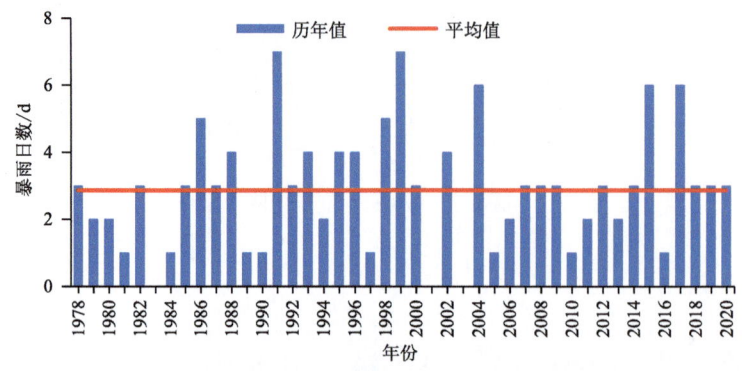

图2.4　福泉市1978—2020年暴雨日数变化

图2.5是福泉市1978—2020年平均月暴雨日数变化。从图中可以看出，福泉市多年平均月暴雨日数5—7月较多，超过0.3 d，其中，1月、3月和12月无暴雨天气出现，最高值为1.0 d，出现在6月。

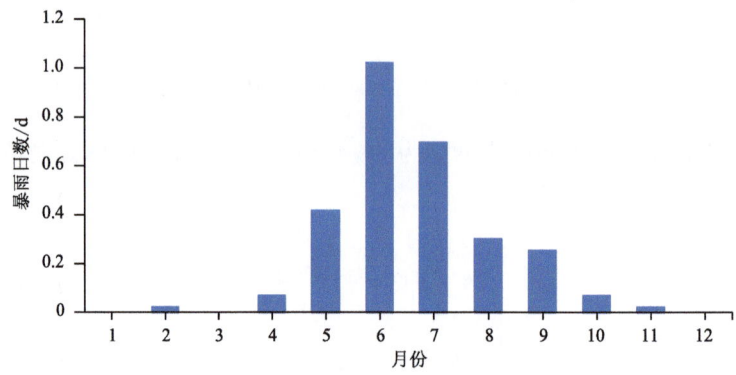

图2.5　福泉市1978—2020年平均月暴雨日数变化

2.3.4 暴雨初终日

图2.6是福泉市1978—2020年暴雨初终日变化。从图中可以看出，福泉市多年平均暴雨初日为6月10日，最早为2月12日，出现在1991年，最晚为10月1日，出现在2011年，其中，1983年、2001年和2003年未出现暴雨天气；福泉市多年平均暴雨终日为8月6日，最早为6月6日，出现在2006年，最晚为11月10日，出现在2004年。

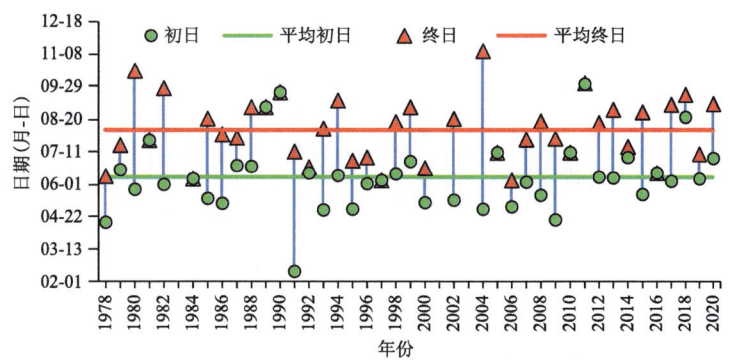

图 2.6　福泉市 1978—2020 年暴雨初终日变化

2.3.5　极端降水及其重现期

2.3.5.1　不同历时最大降水量

图 2.7 是福泉市 1980—2020 年不同历时(1 h、3 h、6 h、12 h 和 24 h)最大降水量变化。从图中可以看出,福泉市历时 1 h 最大降水量最大值为 101.0 mm,出现在 2004 年,最小值为 19.9 mm,出现在 1990 年;历时 3 h 最大降水量最大值为 132.2 mm,出现在 2004 年,最小值为 27.6 mm,出现在 1990 年;历时 6 h 最大降水量最大值为 132.6 mm,出现在 2004 年,最小值为 32.9 mm,出现在 2003 年;历时 12 h 最大降水量最大值为 183.3 mm,出现在 1985 年,最小值为 33.5 mm,出现在 2003 年;历时 24 h 最大降水量最大值为 185.0 mm,出现在 1996 年,最小值为 38.7 mm,出现在 2003 年。

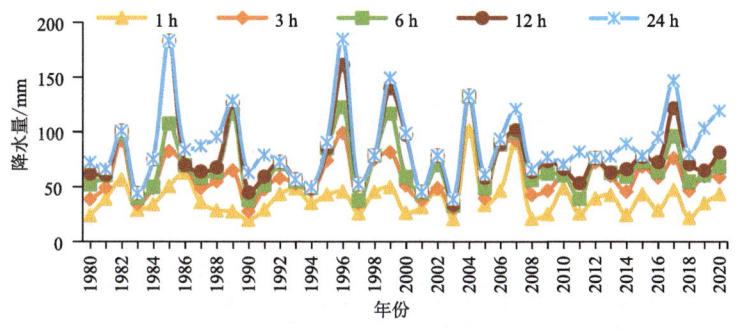

图 2.7　福泉市 1980—2020 年不同历时最大降水量变化

图 2.8 是福泉市不同历时不同重现期降水量。从图中可以看出,福泉市 5 a、10 a、20 a、50 a 和 100 a 一遇的 1 h 降水量分别为 51.4 mm、61.3 mm、70.7 mm、82.9 mm 和 92.0 mm;福泉市 5 a、10 a、20 a、50 a 和 100 a 一遇的 3 h 降水量分别为 74.8 mm、87.4 mm、99.5 mm、115.1 mm 和 126.8 mm;福泉市 5 a、10 a、20 a、50 a 和 100 a 一遇的 6 h 降水量分别为 87.0 mm、101.6 mm、115.5 mm、133.6 mm 和 147.2 mm;福泉市 5 a、10 a、20 a、50 a 和 100 a 一遇的 12 h 降水量分别为 102.2 mm、121.0 mm、139.1 mm、162.4 mm 和 180.0 mm;福泉市 5 a、10 a、20 a、50 a 和 100 a 一遇的 24 h 降水量分别为 113.5 mm、133.4 mm、152.5 mm、177.2 mm 和 195.7 mm。

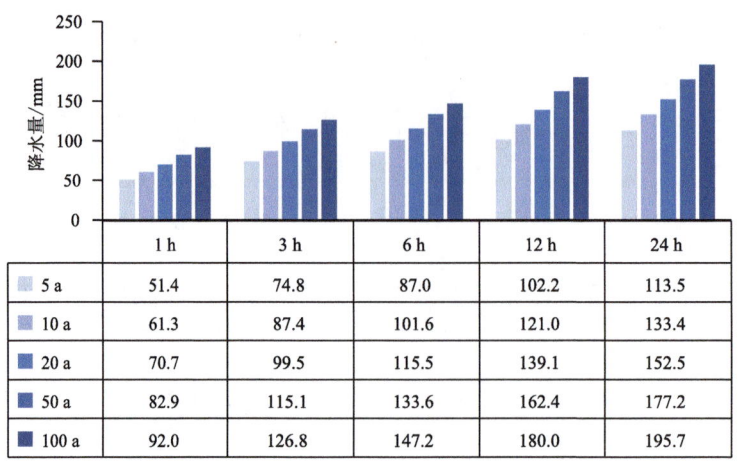

图 2.8 福泉市不同历时不同重现期降水量变化

2.3.5.2 不同日数最大降水量

图 2.9 是福泉市 1978—2020 年不同日数(1 d、3 d、5 d 和 10 d)最大降水量变化。从图中可以看出,福泉市 1 d 最大降水量最大值为 190.9 mm,出现在 1985 年,最小值为 43.9 mm,出现在 2003 年;3 d 最大降水量最大值为 275.4 mm,出现在 1996 年,最小值为 56.6 mm,出现在 2003 年;5 d 最大降水量最大值为 277.5 mm,出现在 1996 年,最小值为 63.9 mm,出现在 2001 年;10 d 最大降水量最大值为 310.4 mm,出现在 1999 年,最小值为 97.8 mm,出现在 1983 年。

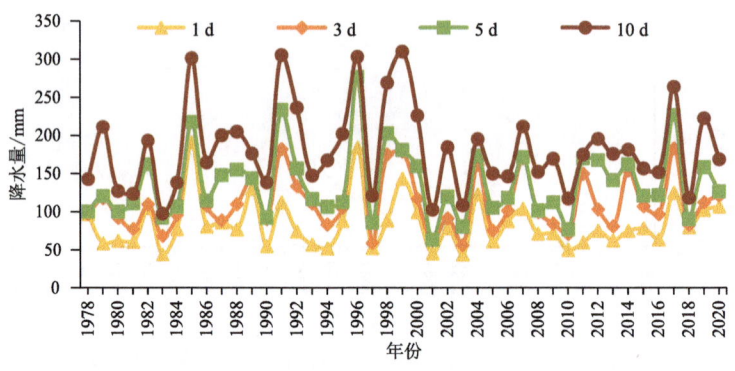

图 2.9 福泉市 1978—2020 年不同日数最大降水量变化

图 2.10 是福泉市不同日数不同重现期降水量。从图中可以看出,福泉市 5 a、10 a、20 a、50 a 和 100 a 一遇的 1 d 降水量分别为 101.6 mm、119.4 mm、136.4 mm、158.4 mm 和 174.9 mm;福泉市 5 a、10 a、20 a、50 a 和 100 a 一遇的 3 d 降水量分别为 142.5 mm、167.2 mm、190.9 mm、221.5 mm 和 244.5 mm;福泉市 5 a、10 a、20 a、50 a 和 100 a 一遇的 5 d 降水量分别为 164.5 mm、189.5 mm、213.5 mm、244.5 mm 和 267.8 mm;福泉市 5 a、10 a、20 a、50 a 和 100 a 一遇的 10 d 降水量分别为 216.3 mm、247.1 mm、276.7 mm、314.9 mm 和 343.6 mm。

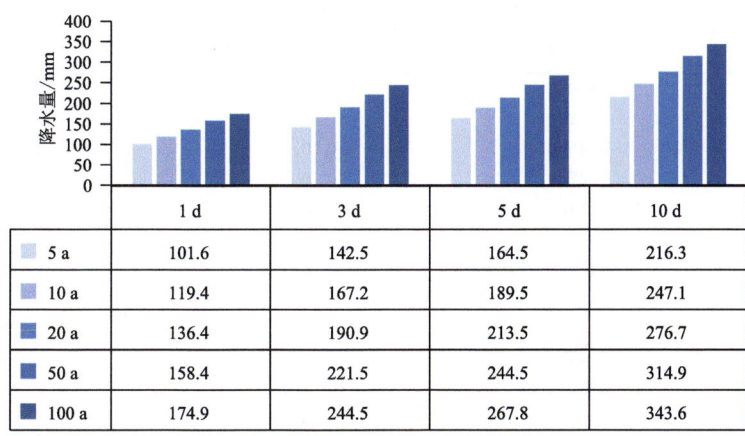

图 2.10　福泉市不同日数不同重现期降水量

2.4　致灾危险性评估与区划

2.4.1　致灾危险性气象站点及权重

福泉市辖区暴雨强度过程计算的气象站点共计 18 个，其中，国家级地面气象站 1 个，区域自动气象站 17 个。表 2.6 为各站最大小时降水量、最大日降水量、过程累积降水量、暴雨持续日数 4 个致灾因子指标的权重取值分布情况；表 2.7 为各站最大日降水量、过程累积降水量、暴雨持续日数 3 个致灾因子指标的权重取值分布情况。

表 2.6　福泉市暴雨各评估因子的权重（4 个因子）

站点	持续日数	过程累积降水量	最大小时降水量	最大日降水量
福泉	0.4110	0.198	0.190	0.201
英坪	0.2691	0.250	0.173	0.309
龙昌	0.3820	0.199	0.168	0.251
黎山	0.2072	0.291	0.243	0.259
马场坪	0.3482	0.238	0.167	0.247
道坪	0.2159	0.263	0.185	0.336
仙桥	0.3384	0.254	0.188	0.220
高石	0.4248	0.244	0.151	0.181
岔河	0.3243	0.194	0.200	0.281
凤山	0.2791	0.294	0.165	0.262
地松	0.3275	0.275	0.183	0.215
高坪	0.2496	0.284	0.212	0.255
谷汪	0.3389	0.209	0.219	0.234
兴隆	0.2874	0.278	0.243	0.192
陆坪	0.2130	0.280	0.201	0.306
陡河	0.2688	0.303	0.219	0.209
平堡	0.3825	0.268	0.156	0.193

注：致灾因子权重值全部为 0 的不列入该表格。

表 2.7　福泉市暴雨各评估因子的权重(3 个因子)

站点	持续日数	过程累积降水量	最大日降水量
福泉	0.5072	0.244	0.249
英坪	0.3254	0.302	0.373
龙昌	0.4590	0.239	0.302
黎山	0.2739	0.384	0.342
马场坪	0.4181	0.285	0.297
道坪	0.2652	0.322	0.413
仙桥	0.4167	0.313	0.270
高石	0.5000	0.288	0.213
岔河	0.4056	0.243	0.352
凤山	0.3342	0.352	0.314
地松	0.4019	0.335	0.263
高坪	0.3168	0.360	0.323
谷汪	0.4336	0.267	0.299
兴隆	0.3796	0.367	0.254
陆坪	0.2672	0.349	0.384
陡河	0.344	0.388	0.268
黄丝	0.4912	0.298	0.211
平堡	0.4444	0.323	0.233

注：致灾因子权重值全部为 0 的不列入该表格。

2.4.2　雨涝指数

从图 2.11 来看,福泉市雨涝指数呈东部和南部局地高的趋势,高值区主要分布在陆坪镇、凤山镇、马场坪街道;其余地区为低值区。

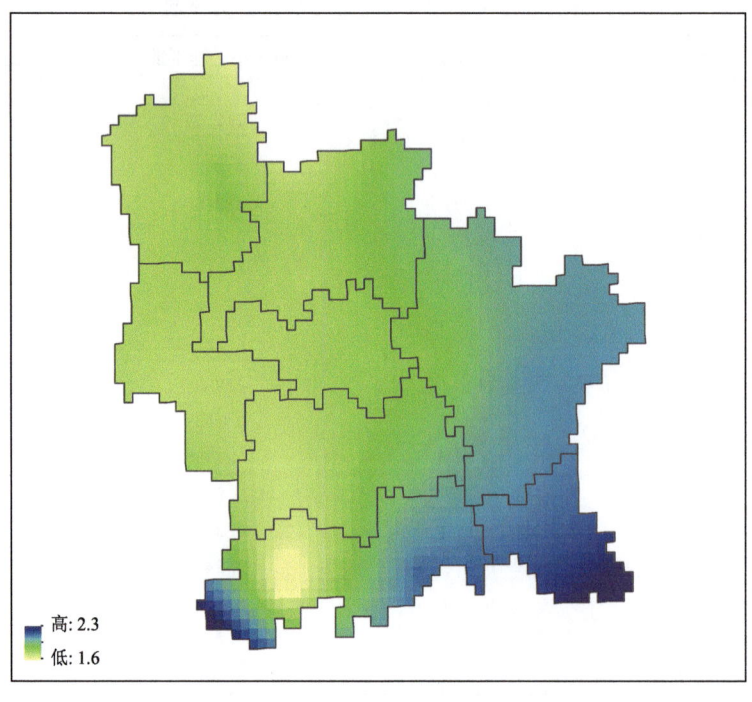

图 2.11　福泉市雨涝指数空间分布

2.4.3 孕灾环境影响系数

按照相关的计算方法,得到福泉市地形因子影响系数、水系因子影响系数空间分布图。从图 2.12 和图 2.13 来看,福泉市地形因子影响系数呈东部以东以南高,其余地区低的分布趋势;水系因子影响系数呈东部和南部低,其余地区高的分布趋势。地质灾害易发条件系数为 0.6。

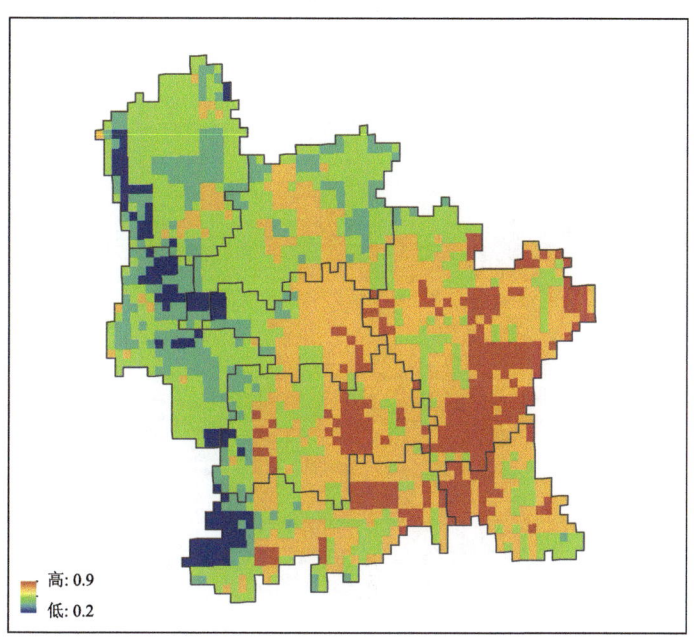

图 2.12 福泉市地形因子影响系数空间分布

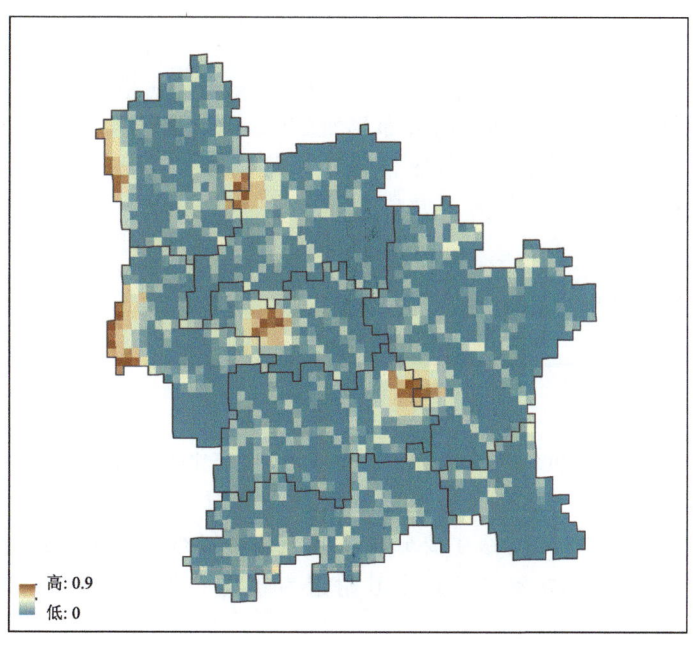

图 2.13 福泉市水系因子影响系数空间分布

按照孕灾环境影响系数的计算方法,利用信息熵赋权法,对地形因子、水系因子和地质灾害易发条件分别赋值 0.358、0.297、0.345,常数取值 0.4。结合 3 个孕灾环境的影响,得到福泉市暴雨孕灾环境影响系数分布图(图 2.14),高值区主要分布在福泉市中部以东以南的大部分地区;低值区主要在西部。

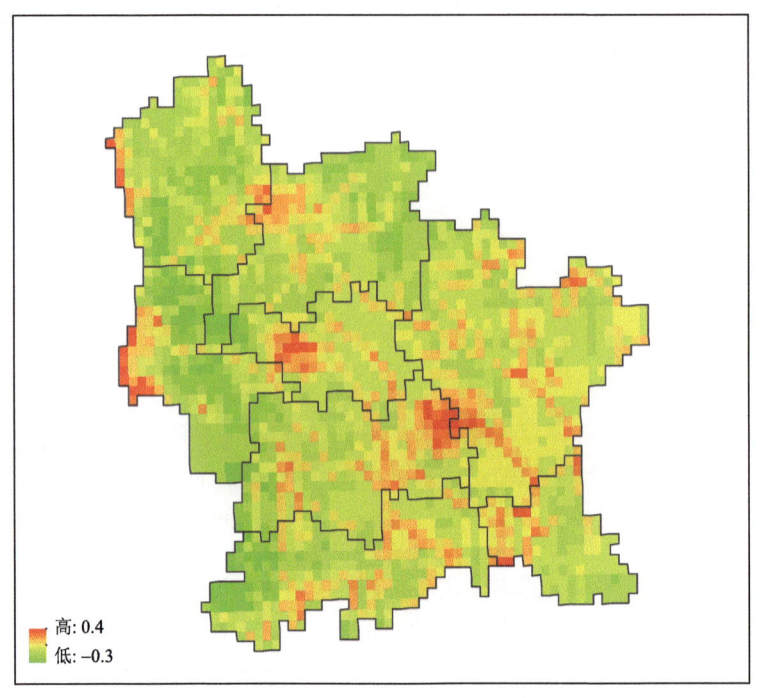

图 2.14 福泉市暴雨孕灾环境影响系数空间分布

2.4.4 致灾危险性区划

从福泉市暴雨致灾危险性区划空间分布来看(图 2.15),总体呈西部和北部低,中部和东部高的分布趋势。较高—高的危险性等级分布较少,距离县级乡级行政中心驻地越近,危险性越高,随着距离的增大,危险性呈变小趋势。

2.5 风险评估与区划

2.5.1 GDP 风险评估

由于收集到的相关灾损资料不完整,仅结合 GDP 归一化值与暴雨危险性指数进行等权指数求积。从福泉市暴雨灾害 GDP 风险区划空间分布来看(图 2.16),大部分地区主要处于低—中风险等级,较高—高风险等级主要分布在县级和乡级行政中心驻地周围地区。金山街道、马场坪街道、牛场镇等县级乡级行政中心附近为较高—高风险等级;其余大部分地区为低—中风险等级。

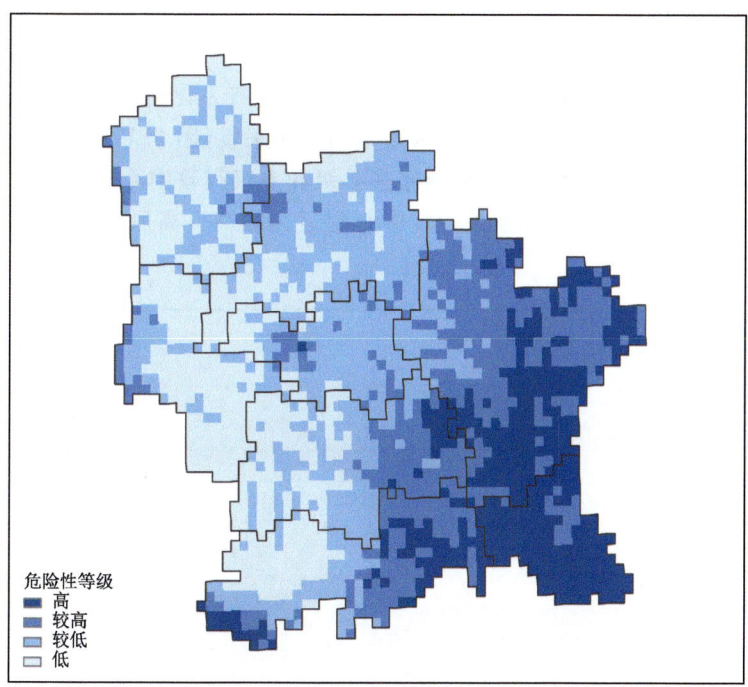

图 2.15　福泉市暴雨致灾危险性区划空间分布

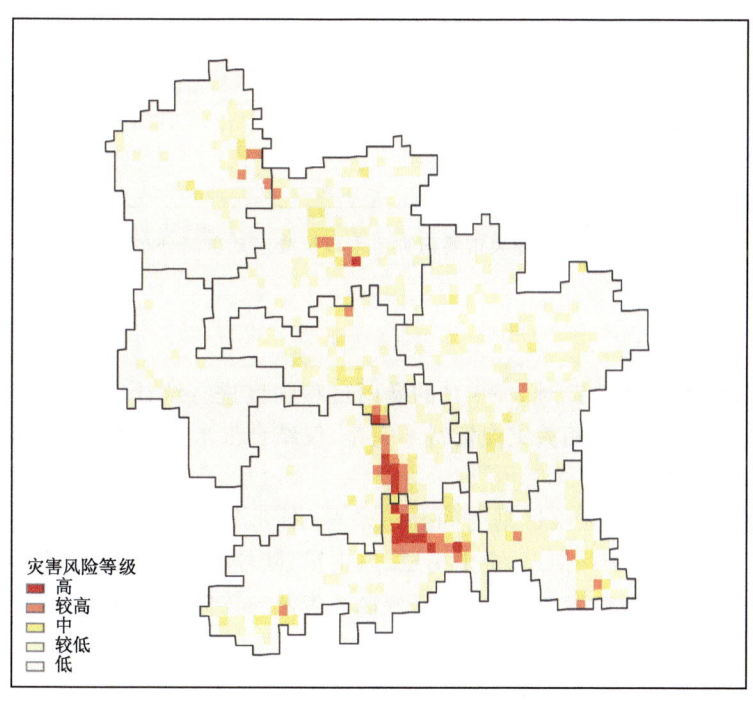

图 2.16　福泉市暴雨灾害 GDP 风险区划空间分布

2.5.2 人口风险评估

由于收集到的相关灾损资料不完整,仅结合人口数量归一化值与暴雨危险性指数进行等权指数求积。从福泉市暴雨灾害人口风险区划空间分布来看(图2.17),大部分地区主要处于低—中风险等级,较高—高风险等级主要分布在县级和乡级行政中心驻地周围。金山街道、马场坪街道、牛场镇、凤山镇等县级和乡级行政中心附近为较高—高风险等级;其余大部分地区为低—中风险等级。

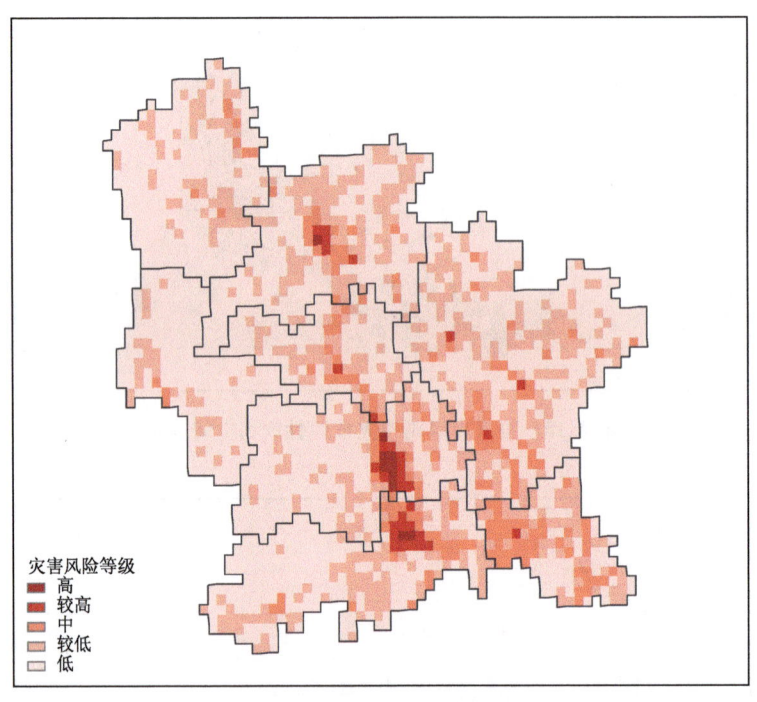

图2.17 福泉市暴雨灾害人口风险区划空间分布

2.5.3 玉米风险评估

根据玉米的生育期,主要针对3—9月的暴雨过程强度进行统计和计算,得到玉米暴雨致灾危险性指数,由于收集到的相关灾损资料不完整,仅结合玉米种植面积归一化值与暴雨危险性指数进行等权指数求积。

从福泉市暴雨灾害玉米风险区划空间分布来看(图2.18),总体呈东南部和北部较高,其余地区低的分布趋势。马场坪街道、金山街道、凤山镇、陆坪镇、牛场镇等局地为较高—高风险等级;金山街道局地为中风险等级;其余大部分地区为低—较低风险等级。

2.5.4 水稻风险评估

根据水稻的生育期,主要针对4—10月的暴雨过程强度进行统计和计算,得到水稻暴雨致灾危险性指数,由于收集到的相关灾损资料不完整,仅结合水稻种植面积归一化值与暴雨危险性指数进行等权指数求积。

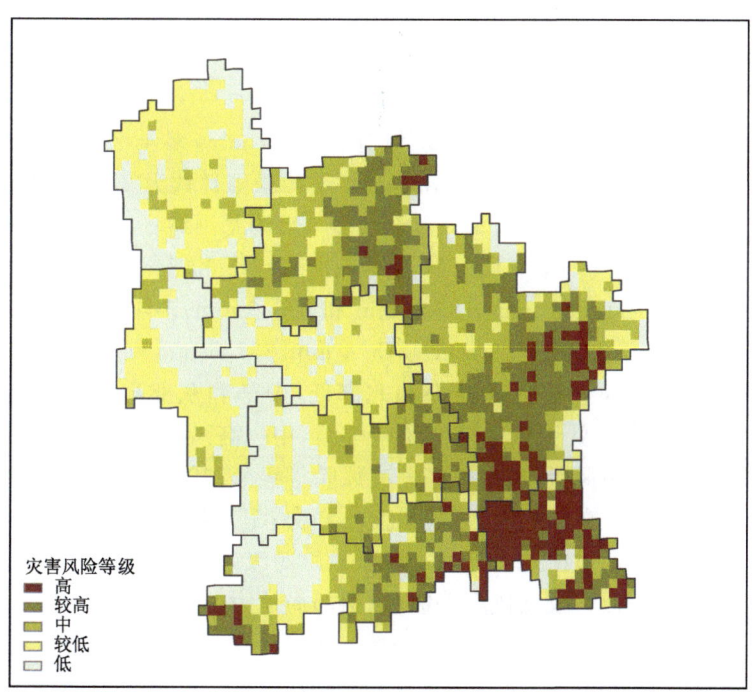

图 2.18　福泉市暴雨灾害玉米风险区划空间分布

从福泉市暴雨灾害水稻风险区划空间分布来看(图 2.19),总体呈东南部高,其余地区低的分布趋势。陆坪镇、凤山镇局地为较高—高风险等级;马场坪街道局地为中风险等级;其余大部分地区为低—较低风险等级。

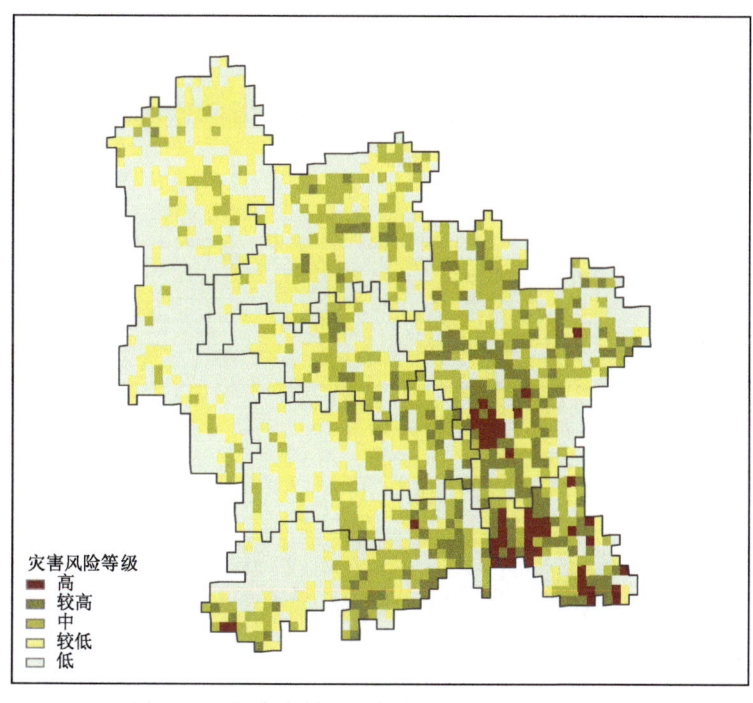

图 2.19　福泉市暴雨灾害水稻风险区划空间分布

2.6 总结

1978—2020 年,福泉市多年平均年降水量为 1164.3 mm,多年平均月降水量 5—9 月较多,多年平均年最大连续降水量为 165.9 mm,多年平均暴雨日数为 2.9 d,多年平均月暴雨日数 5—7 月最多,多年平均暴雨初日为 6 月 10 日,多年平均暴雨终日为 8 月 6 日,1983 年、2001 年和 2003 年未出现暴雨天气。多年历时(1 h、3 h、6 h、12 h 和 24 h)最大降水量最大值分别为 101.0 mm、132.2 mm、132.6 mm、183.3 mm 和 185.0 mm;多年不同日数(1 d、3 d、5 d 和 10 d)最大降水量最大值分别为 190.9 mm、275.4 mm、277.5 mm 和 310.4 mm。

福泉市暴雨危险性等级总体呈现西部和北部低,中部和东部高的分布趋势。暴雨灾害 GDP 风险在大部分地区主要处于低—较低风险等级,中—高风险等级分布较少;人口风险在大部分地区主要处于低—中风险等级,较高—高风险等级分布较少,距离县级和乡级行政中心驻地越近,风险越高,随着距离的增大,风险呈变小趋势;玉米风险总体呈东南部较高,其余地区低的分布趋势,北部、西部边缘地区为低—较低风险等级,其余地区为中—高风险等级;水稻风险在大部分地区主要为低—较低风险等级,东南部局地为中—高风险等级。

第 3 章　干　旱

干旱是一种因长期无雨或少雨,造成空气干燥、土壤缺水的气候现象。干旱在气象上有两种含义:一是干旱气候,即干旱、半干旱地区气候的基本情况;二是气候异常,即半湿润地区在某一时段降水量比多年平均值大大偏少的情况。干旱灾害是普遍性的自然灾害,长期的大范围干旱形成旱灾,将使农业大幅度减产,甚至无收,严重的还影响到工业生产、城市供水和生态环境,引起人畜饮水困难甚至死亡。

3.1　数据准备与处理

本章使用的资料为福泉国家级地面气象站的气象干旱综合指数(MCI)、气温、降水逐日数据,时间为 1978—2020 年,数据来源为国家气候中心。

基础地理信息:包括县界、30″×30″网格。

有关名词定义如下:

干旱过程:单站或某一区域范围内持续一定时间的干旱。

累积干旱强度:表征干旱强度与持续时间的综合指标。

干旱过程强度:反映干旱过程持续时间、影响面积和干旱强度的综合指标。

干旱过程强度等级:按照干旱过程强度划分的等级。

3.2　技术方法

3.2.1　致灾因子选取

(1)干旱过程致灾因子

统计干旱过程降水量、降水距平百分率、最长连续无降水日数以及干旱过程总累积强度、干旱过程持续时间、干旱过程强度等。

(2)年尺度干旱致灾因子

统计年降水量及距平百分率、年干旱过程总累积强度及年干旱日数、不同等级的年干旱日数、年最长连续干旱日数、年最长干旱过程、强度及评估等级、年最强干旱过程、强度及评估等级、年干旱过程总次数等。

(3)针对农作物(小麦、玉米、水稻)干旱致灾因子统计

针对小麦、玉米、水稻 3 种农作物,各地根据实际种植情况,结合生育期及不同生育期阶段,基于干旱指标进行致灾因子统计。

3.2.2 致灾危险性评估技术方法

3.2.2.1 干旱危险性指数确定

选择持续日数、降水量、降水距平百分率、最长连续无降水日数、累积干旱强度、最大累积干旱强度(过程干旱强度)等作为干旱危险性指标。基于选取的致灾因子,对其进行归一化处理,采用信息熵赋权法确定多指标的权重,进行综合分析,开展危险性评估。

$$H = \sum_{i=1}^{n} W_i X_i \tag{3.1}$$

式中,H 为干旱危险性指数;X_i、W_i 分别为危险性指标的标准化值和权重;i 为危险性的第 i 个指标;n 为干旱危险性指标个数。

3.2.2.2 致灾危险性分区

基于干旱致灾危险性指数,根据自然断点法,将干旱致灾危险性划分为高(Ⅰ)、较高(Ⅱ)、较低(Ⅲ)、低(Ⅳ)4个等级,按照行政区域绘制干旱危险性区域空间分布图。

3.2.3 风险评估技术方法

3.2.3.1 暴露度指数

采用区域范围内人口、GDP、农作物(小麦、玉米、水稻)种植面积比例等作为评估指标来表征人口、经济、农作物等承灾体暴露度,以下式表示。

$$E = \frac{S_m}{S} \times 100\% \tag{3.2}$$

式中,E 为承灾体暴露度指数;S_m、S 分别为某区域内承灾体数量和总面积。小麦、玉米、水稻时,S_m、S 指标为区域种植面积和耕地总面积,单位为公顷(hm^2);人口、经济时,S_m、S 指标为区域人口、GDP 和区域总面积。

3.2.3.2 脆弱性指数

人口和经济干旱脆弱性用以下灾损率表示:

干旱直接经济损失率＝干旱直接经济损失/区域 GDP

干旱受灾人口率＝干旱受灾人口/区域总人口

小麦、玉米、水稻的干旱脆弱性:

$$V = \sum_{i=1}^{n} X_{vi} W_{vi} \tag{3.3}$$

式中,V 为干旱脆弱性指数;X_{vi}、W_{vi} 为脆弱性指标的标准化值和权重,权重采用信息熵赋权法确定;i 为脆弱性的第 i 个指标;n 为脆弱性指标的个数。

3.2.3.3 干旱灾害风险评估

根据干旱灾害的成灾特征和风险评估的目的、用途,选择加权求积评估模型,权重确定方法采用信息熵赋权法。

加权求积评估模型如下:

$$RI = H \times E \times V/(1+R) \tag{3.4}$$

式中,RI 为干旱灾害风险评估指数;H 为致灾因子危险性;E 为承灾体暴露度;V 为脆弱性;R

为防灾减灾能力。

如无脆弱性和防灾减灾能力资料,可只对致灾危险性和承灾体暴露度进行加权求积,得到风险评估结果。

3.2.3.4 干旱灾害风险分区

依据风险评估结果,结合行政单元,采用自然断点法,对风险评估结果进行空间划分,将干旱灾害风险划分为高(Ⅰ)、较高(Ⅱ)、中(Ⅲ)、较低(Ⅳ)、低(Ⅴ)5个等级。

3.3 致灾因子特征分析

3.3.1 干旱日数

图3.1是福泉市1981—2020年不同等级干旱日数变化。从图中可以看出,1983年出现轻旱日数最多,为95 d;1988年、2001年、2005年和2009年出现轻旱日数均在80 d以上;2009年出现中旱日数最多,为69 d;1988年、1989年、1992年、2002年、2003年、2010年、2013年和2018年出现中旱日数均在40 d以上;1989年出现重旱日数最多,为59 d;1981年、1992年、2003年、2007年、2010年、2011年和2013年出现重旱日数均在20 d以上;仅有9 a出现特旱日数,特旱日数最高年份为2011年(31 d),次高年份为1989年的27 d;1989年出现总干旱日数最多,为209 d;1983年、1988年、1992年、2001年、2003年、2007年和2009—2011年总干旱日数在120 d以上。

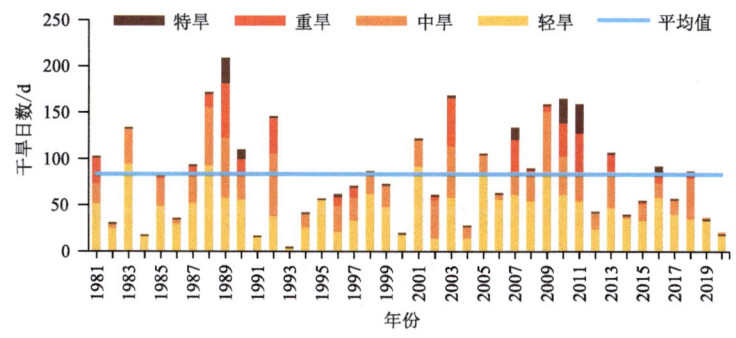

图3.1 福泉市1981—2020年不同等级干旱日数变化

3.3.2 无降水日数

图3.2是福泉市1978—2020年平均无降水日数变化。从图中可以看出,福泉市年平均无降水日数呈略增加趋势;多年平均无降水日数为180.5 d,其中,2011年最多,为216 d,2012年最少,为143 d。

3.3.3 最长连续无降水日数

图3.3是福泉市1978—2020年最长连续无降水日数变化。从图中可以看出,福泉市最长连续无降水日数呈略减少趋势;多年最长连续无降水日数平均为15.8 d,其中,1988年最多,

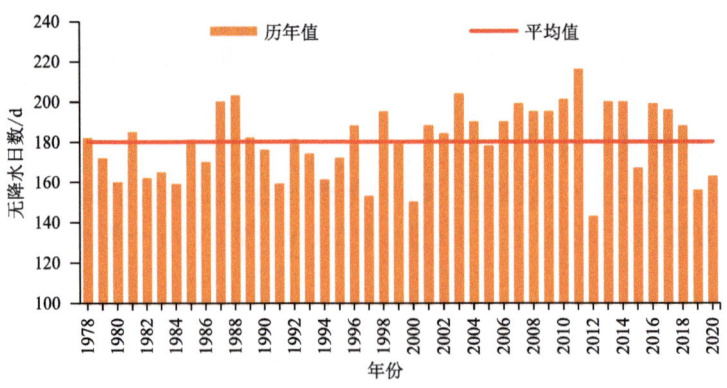

图 3.2 福泉市 1978—2020 年平均无降水日数变化

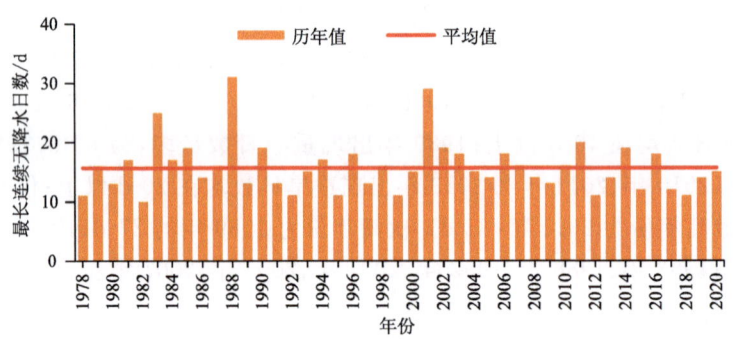

图 3.3 福泉市 1978—2020 年最长连续无降水日数变化

为 31 d,1982 年最少,为 10 d。

3.3.4 最长连续干旱日数

图 3.4 是福泉市 1981—2020 年最长连续干旱日数变化。从图中可以看出,福泉市最长连续干旱日数呈略增加趋势;多年最长连续干旱日数平均为 25.9 d,其中,1989 年最多,为 106 d;1984 年、1991 年、1993 年、1995 年和 2000 年最少,为 0 d。

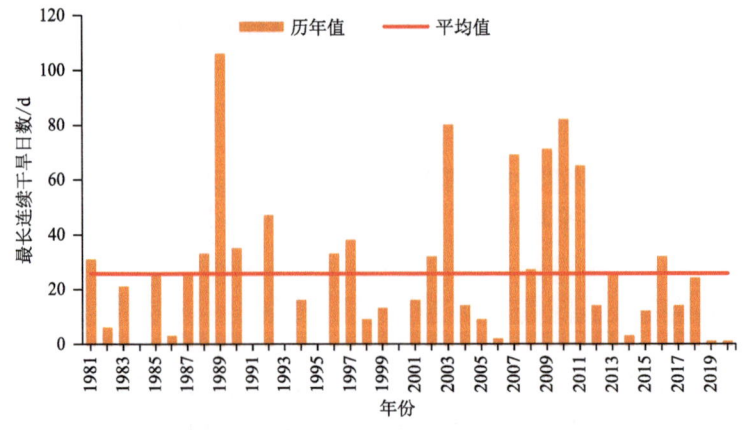

图 3.4 福泉市 1981—2020 年最长连续干旱日数变化

3.3.5 单站干旱过程

图 3.5 是福泉市 1981—2020 年干旱过程次数变化。从图中可以看出,福泉市干旱过程次数呈略增加趋势;多年干旱过程次数平均为 1.3 次,1988 年、2001 年和 2005 年干旱过程次数最多,均为 3 次;1984 年、1991 年、1993 年、1995 年、2000 年、2019 年和 2020 年未出现干旱过程。

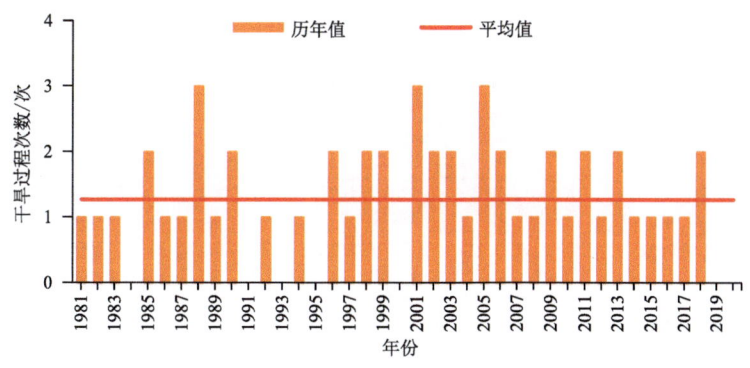

图 3.5　福泉市 1981—2020 年干旱过程次数变化

3.4　致灾危险性评估与区划

3.4.1　致灾危险性气象站点及权重

福泉市干旱危险性评估的气象站点共计 1 个,为国家级地面气象站。表 3.1 为降水量、降水距平百分率、最长连续无降水日数、累积干旱强度、持续日数、过程干旱强度 6 个致灾因子指标的权重取值。

表 3.1　福泉市干旱各评估因子的权重

指标	权重
持续日数	0.255
降水量	0.182
降水距平百分率	0.040
最长连续无降水日数	0.128
累积干旱强度	0.200
最大累积干旱强度(过程干旱强度)	0.196

3.4.2　致灾危险性区划

从福泉市干旱危险性区划空间分布来看(图 3.6),总体呈西北部高东南部低的分布趋势。在行政区域周边为低—较低危险性等级;其余大部分地区为较高—高危险性等级。

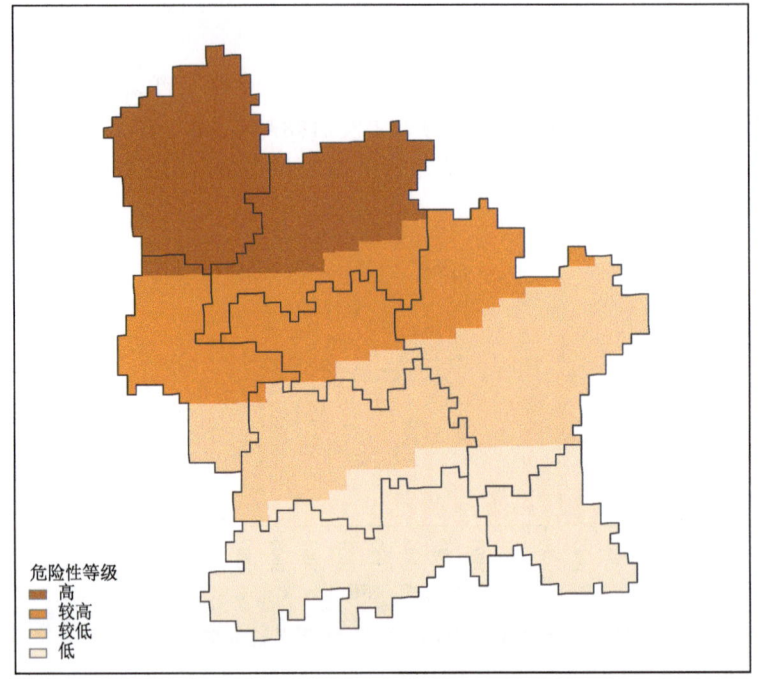

图 3.6 福泉市干旱危险性区划空间分布

3.5 风险评估与区划

3.5.1 GDP 风险评估

由于收集到的相关灾损资料不完整,仅结合 GDP 归一化值与干旱危险性指数进行等权指数求积。从福泉市干旱灾害 GDP 风险区划空间分布来看(图 3.7),大部分地区主要处于低—中风险等级,较高—高风险等级主要分布在县级和乡级行政中心驻地周围。金山街道、马场坪街道、牛场镇、道坪镇等县级和乡级行政中心附近为较高—高风险等级;其余大部分地区为低—中风险等级。

3.5.2 人口风险评估

由于收集到的相关灾损资料不完整,仅结合人口数量归一化值与干旱危险性指数进行等权指数求积。从福泉市干旱灾害人口风险区划空间分布来看(图 3.8),大部分地区主要处于低—中风险等级,较高—高风险等级主要分布在县级和乡级行政中心驻地周围。金山街道、马场坪街道、牛场镇、龙昌镇等县级和乡级行政中心附近为较高—高风险等级;其余大部分地区为低—中风险等级。

3.5.3 小麦风险评估

根据小麦的生育期,主要针对 10 月至次年 5 月的干旱过程强度进行统计和计算,得到小麦干旱致灾危险性指数,由于收集到的相关灾损资料不完整,仅结合小麦种植面积归一化值与

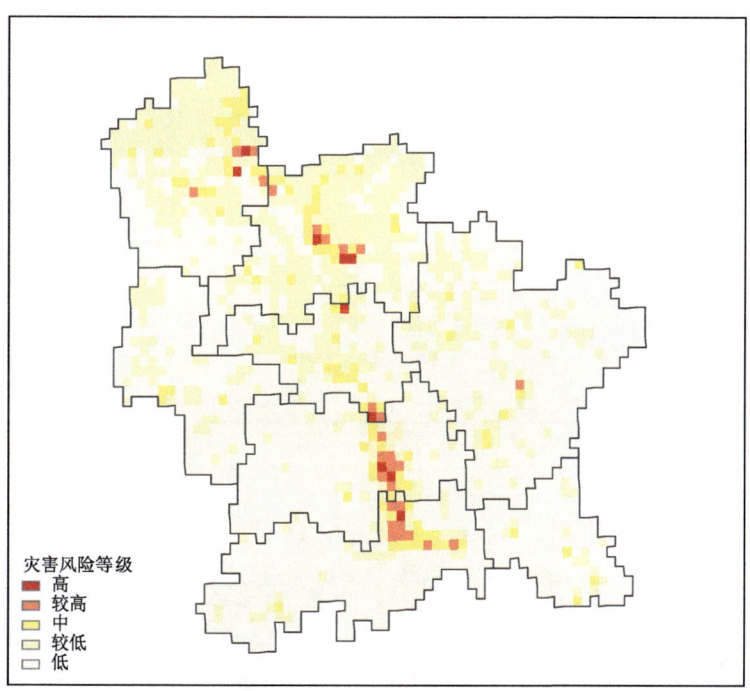

图 3.7　福泉市干旱灾害 GDP 风险区划空间分布

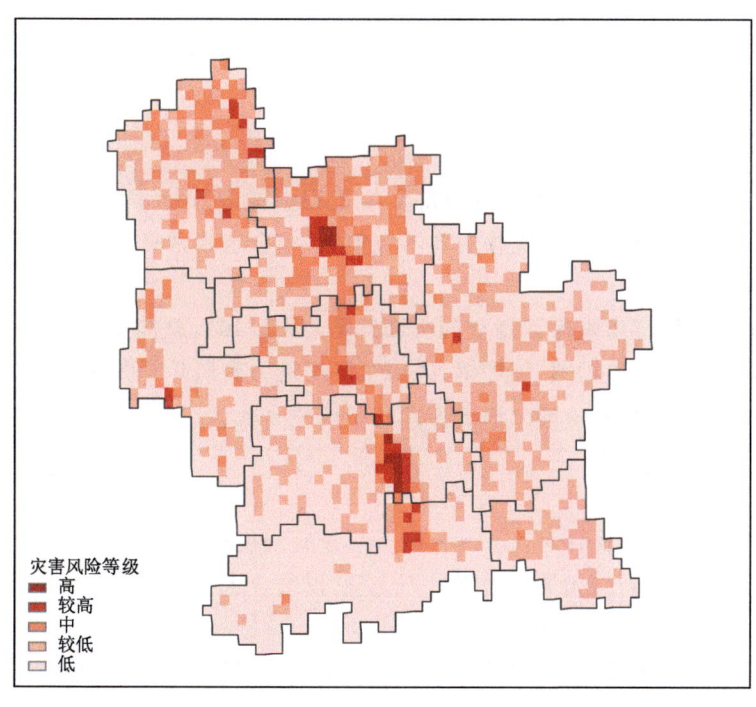

图 3.8　福泉市干旱灾害人口风险区划空间分布

干旱危险性指数进行等权指数求积。

从福泉市干旱灾害小麦风险区划空间分布来看(图3.9),总体呈东南较高,其余地区低的分布趋势。马场坪街道、凤山镇周围地区为较高—高风险等级;金山街道、陆坪镇、龙昌镇、牛场镇局地为中—较高风险等级;其余大部分地区为低—较低风险等级。

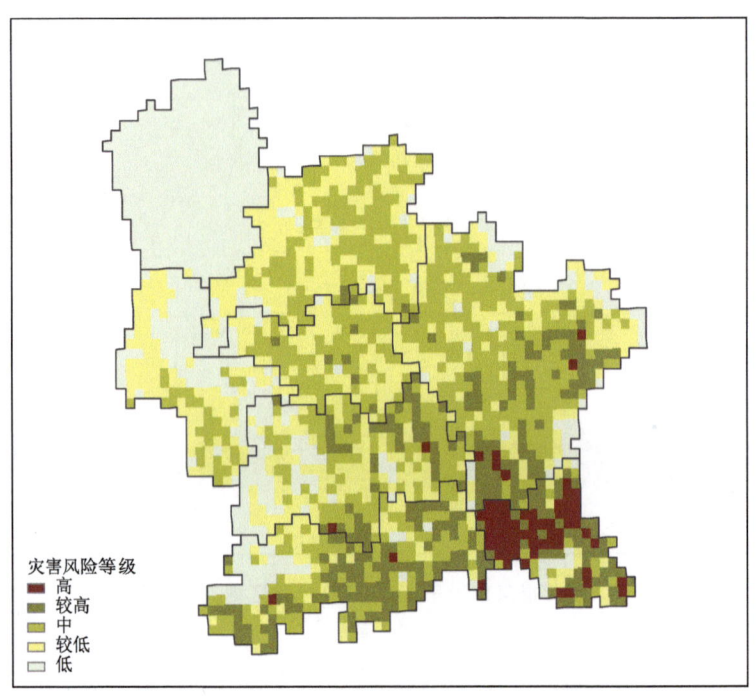

图3.9 福泉市干旱灾害小麦风险区划空间分布

3.5.4 玉米风险评估

根据玉米的生育期,主要针对3—9月的干旱过程强度进行统计和计算,得到玉米干旱致灾危险性指数,由于收集到的相关灾损资料不完整,仅结合玉米种植面积归一化值与干旱危险性指数进行等权指数求积。

从福泉市干旱灾害玉米风险区划空间分布来看(图3.10),总体呈西部以及中部较低,其余地区较高的分布趋势。牛场镇、陆坪镇、凤山镇等局地为高风险等级;金山街道、马场坪街道局地为较高—高风险等级;其余部分地区为低—中风险等级。

3.5.5 水稻风险评估

根据水稻的生育期,主要针对4—10月的干旱过程强度进行统计和计算,得到水稻干旱致灾危险性指数,由于收集到的相关灾损资料不完整,仅结合水稻种植面积归一化值与干旱危险性指数进行等权指数求积。

从福泉市干旱灾害水稻风险区划空间分布来看(图3.11),总体呈中北部及东南部较高,其余地区较低的分布趋势。龙昌镇、陆坪镇、凤山镇等局地为高风险等级;牛场镇、马场坪街道等局地为较高—高风险等级;其余大部分地区为低—中风险等级。

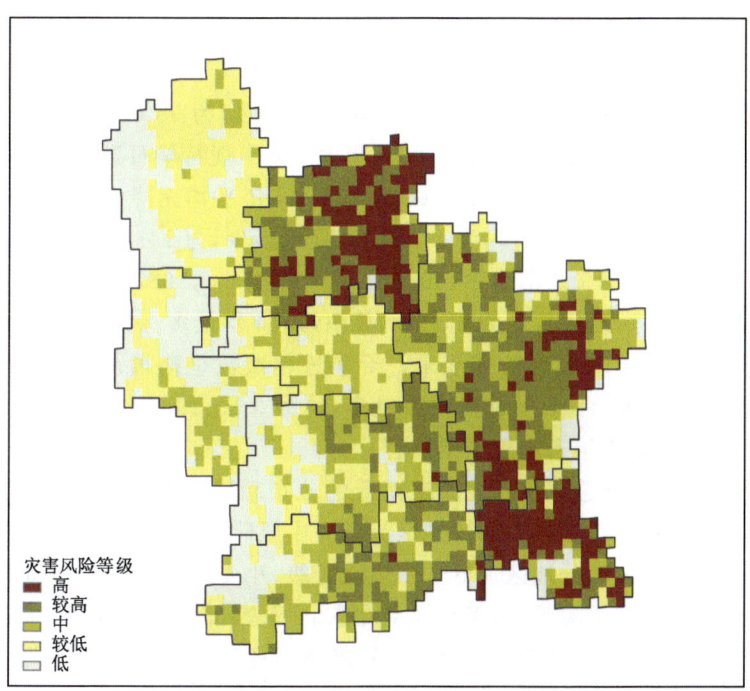

图 3.10　福泉市干旱灾害玉米风险区划空间分布

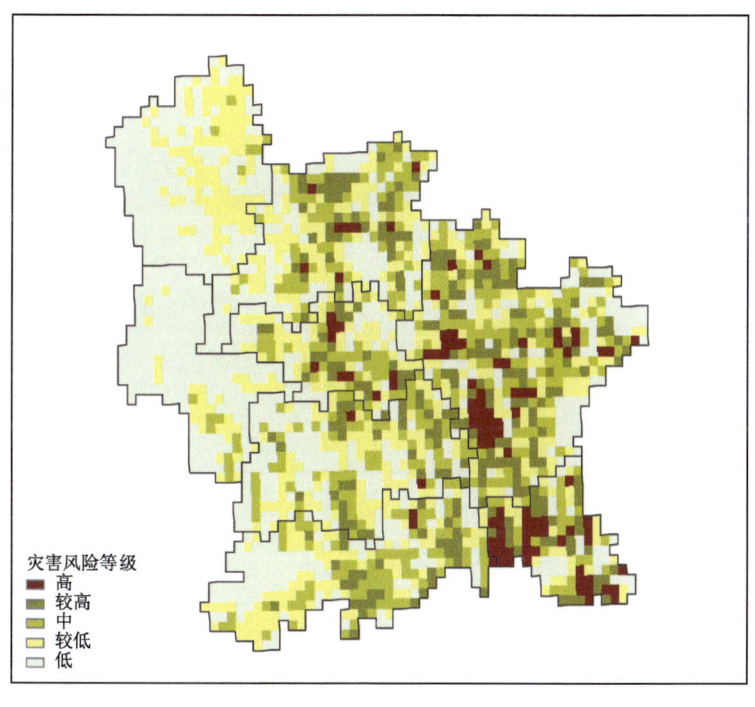

图 3.11　福泉市干旱灾害水稻风险区划空间分布

3.6 总结

根据 MCI 指数分析,福泉市 1983 年出现轻旱日数最多,为 95 d;2009 年出现中旱日数最多,为 69 d;1989 年出现重旱日数最多,为 59 d;仅有 9 a 出现特旱日数,特旱日数最高年份为 2011 年(31 d);1989 年出现总干旱日数最多,为 209 d。年平均无降水日数呈略增加趋势,多年平均为 180.5 d,其中,2011 年最多,为 216 d,2012 年最少,为 143 d。最长连续无降水日数呈略减少趋势,多年平均为 15.8 d,其中,1988 年最多,为 31 d,1982 年最少,为 10 d。最长连续干旱日数呈略增加趋势,多年平均为 25.9 d,其中,1989 年最多,为 106 d;1984 年、1991 年、1993 年、1995 年和 2000 年未出现连续干旱。干旱过程次数呈略增加趋势,多年平均为 1.3 次,1988 年、2001 年和 2005 年干旱过程次数最多,均为 3 次;1984 年、1991 年、1993 年、1995 年、2000 年、2019 年和 2020 年未出现干旱过程。

福泉市干旱危险性等级总体呈西北高东南低的分布趋势。干旱灾害 GDP 风险在行政中心附近为较高—高风险等级,其余大部分地区为低—中风险等级;人口风险在行政中心附近为较高—高风险等级,其余大部分地区为低—中风险等级;小麦风险在东南部局地为较高—高风险等级,其余地区为低—中风险等级;玉米风险在东北部、南部局地为较高—高风险等级,其余地区为低—中风险等级;水稻风险在中北部、东南部局地为较高—高风险等级,其余地区为低—中风险等级。

第 4 章 高 温

气象上把日最高气温达到或超过 35 ℃称之为高温。由于近年来高温热浪天气的频繁出现,高温带来的灾害日益严重。高温热浪使人体不能适应环境,超过人体的耐受极限,从而导致疾病的发生或加重,甚至死亡,动物也是一样;同时,高温热浪也可以影响农作物生长发育,使农作物减产。高温热浪过程还会加剧干旱的发生发展;还使用水量、用电量急剧上升,从而给人们生活、生产带来很大影响。因此,针对高温灾害的致灾因子信息,建立高温灾害等级指标体系,开展高温灾害的危险性调查与评估具有重要意义。

4.1 数据准备与处理

本章使用的资料为福泉国家级地面气象站和 15 个区域自动气象站的气温数据,包括平均气温、最高气温,福泉站时间为 1978—2020 年、15 个区域自动气象站时间为建站至 2020 年,数据来源为贵州省气象信息中心。

基础地理信息:包括县界、30″×30″网格。

有关名词定义如下:

高温:日最高气温≥35 ℃的天气现象。为了突出持续时间对高温过程影响,将连续 3 d 及以上最高气温≥35 ℃作为一次高温过程。

4.2 技术方法

4.2.1 致灾因子选取

高温灾害致灾因子,包括高温过程持续时间和高温强度。高温强度选取高温过程平均气温、过程极端最高气温和过程平均最高气温等。

4.2.2 致灾危险性评估技术方法

基于如下方法开展危险性评估:

$$H = \sum_{i=1}^{n} a \times x_i \qquad (4.1)$$

式中,H 为致灾因子危险性指数;x_i 为第 i 种致灾因子归一化值;a 为第 i 种致灾因子权重系数;n 为致灾因子个数。危险性评估的权重系数由信息熵赋权法确定。

基于高温致灾危险性指数,根据自然断点法,将高温致灾危险性划分为高(Ⅰ)、较高(Ⅱ)、较低(Ⅲ)、低(Ⅳ)4 个等级,按照行政区域绘制高温危险性区划空间分布图。

4.2.3 风险评估技术方法

4.2.3.1 承灾体暴露度评估

暴露度评估采用评估范围内人口、GDP、农作物(玉米、水稻)种植面积经过归一化处理作为高温暴露度的评估指标,得到不同承灾体的暴露度指数。

4.2.3.2 高温灾害风险评估

根据高温灾害的成灾特征和风险评估的目的、用途,选择加权求积评估模型,权重确定方法采用信息熵赋权法。

加权求积评估模型如下:

$$I_{HRI} = I_{VH} \times I_{VSI} \times I_{VE} \tag{4.2}$$

式中,I_{HRI} 为特定承灾体高温灾害风险评价指数;I_{VH} 为致灾因子危险性指数;I_{VSI} 为承灾体暴露度指数;I_{VE} 为脆弱性指数。

因无脆弱性资料,只对致灾危险性和承灾体暴露度进行加权求积,得到风险评估结果。

4.2.3.3 高温灾害风险分区

依据风险评估结果,结合行政单元,采用自然断点法,对风险评估结果进行空间划分,将高温灾害风险划分为高(Ⅰ)、较高(Ⅱ)、中(Ⅲ)、较低(Ⅳ)、低(Ⅴ)5个等级。

4.3 致灾因子特征分析

4.3.1 平均最高气温

图 4.1 是福泉市 1978—2020 年平均最高气温变化。从图中可以看出,福泉市多年平均最高气温为 19.4 ℃;最低值为 17.7 ℃,出现在 1984 年,最高值为 20.5 ℃,出现在 2013 年。

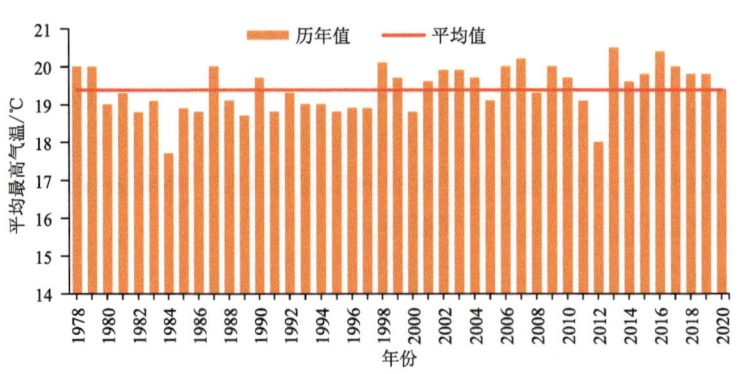

图 4.1 福泉市 1978—2020 年平均最高气温变化

图 4.2 是福泉市 1978—2020 年平均最高气温逐月变化。从图中可以看出,福泉市平均最高气温最大值出现在 8 月,为 29.0 ℃;平均最高气温最小值出现在 1 月,为 7.6 ℃;一年中最大值与最小值相差 21.4 ℃。

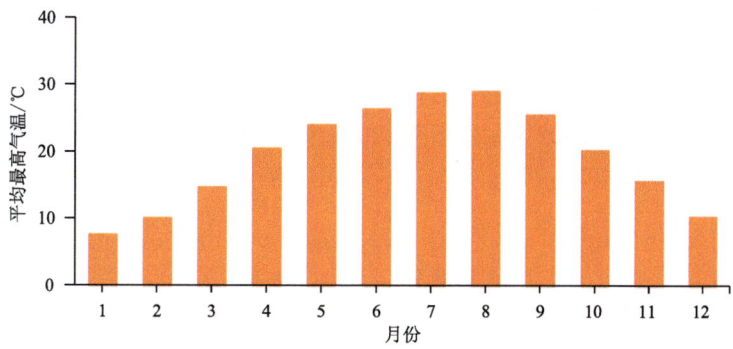

图 4.2　福泉市 1978—2020 年月平均最高气温变化

4.3.2　极端最高气温

图 4.3 是福泉市 1978—2020 年极端最高气温变化。从图中可以看出,福泉市多年平均极端最高气温为 33.7 ℃;最低值为 31.2 ℃,出现在 1993 年;最高值为 35.8 ℃,出现在 2019 年。

图 4.3　福泉市 1978—2020 年极端最高气温变化

图 4.4 是福泉市 1978—2020 年极端最高气温逐月变化。从图中可以看出,福泉市极端最高气温最大值出现在 8 月,为 33.1 ℃;极端最高气温最小值出现在 1 月,为 18.2 ℃;一年中最大值与最小值相差 14.9 ℃。

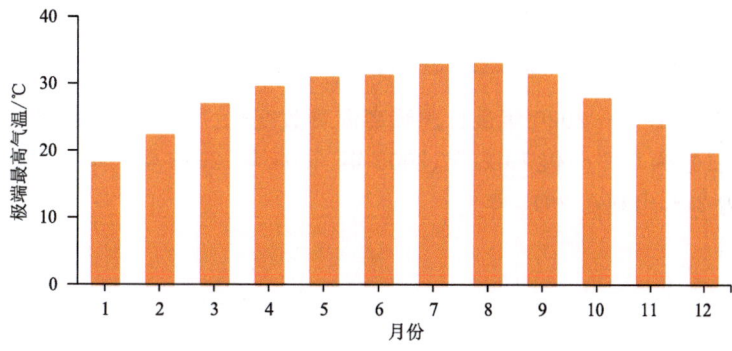

图 4.4　福泉市 1978—2020 年月极端最高气温变化

4.3.3 高温日数

图 4.5 是福泉市 1978—2020 年平均高温日数变化。从图中可以看出,福泉市多年平均高温日数为 0.2 d;仅 1988 年、2002 年、2005 年、2013 年、2019 年和 2020 年出现高温天气;最高值为 2 d,出现在 2019 年。

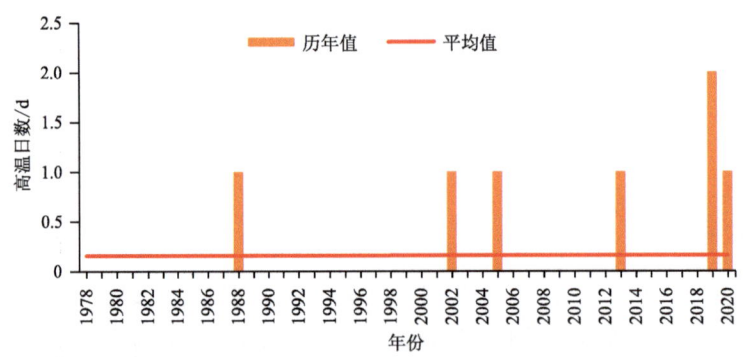

图 4.5 福泉市 1978—2020 年平均高温日数变化

图 4.6 是福泉市 1978—2020 年高温日数逐月变化。从图中可以看出,福泉市高温日数只出现在 8 月,为 0.1 d,其余月无高温天气出现。

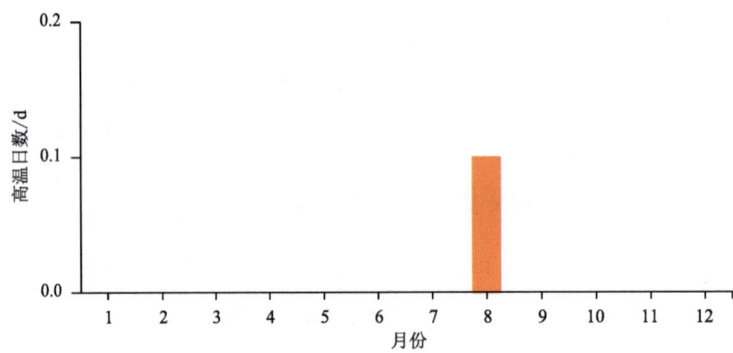

图 4.6 福泉市 1978—2020 年月高温日数变化

4.3.4 最长连续高温日数

图 4.7 是福泉市 1978—2020 年最长连续高温日数变化。从图中可以看出,福泉市多年平均最长连续高温日数为 0.2 d;仅 1988 年、2002 年、2005 年、2013 年、2019 年和 2020 年出现高温天气;最高值为 2 d,出现在 2019 年。

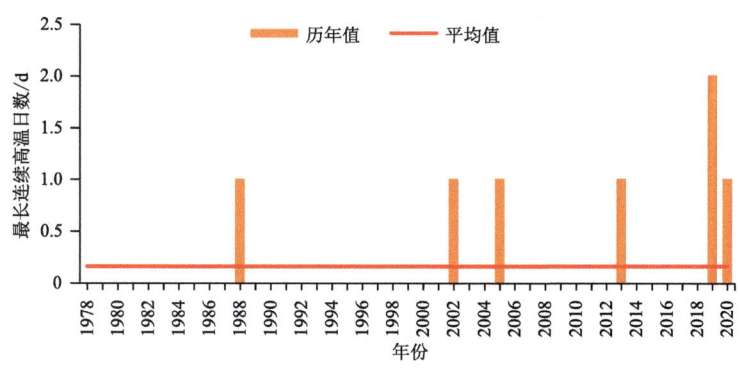

图 4.7　福泉市 1978—2020 年最长连续高温日数变化

4.4　致灾危险性评估与区划

4.4.1　致灾危险性气象站点及权重

福泉市辖区高温过程强度计算的气象站点共计 16 个,其中,国家级地面气象站 1 个,区域自动气象站 15 个。表 4.1 为各站高温过程持续日数、过程平均气温、过程极端最高气温和过程平均最高气温 4 个致灾因子指标的权重取值分布。

表 4.1　福泉市高温各评估因子的权重

站点	持续日数	平均气温	平均最高气温	极端最高气温
凤山	0.345	0.176	0.313	0.165
地松	0.481	0.100	0.239	0.180
陆坪	0.591	0.172	0.116	0.122

注:致灾因子权重值全部为 0 的不列入该表格。

4.4.2　致灾危险性区划

从福泉市高温致灾危险性区划空间分布来看(图 4.8),总体呈东高西低的分布趋势。大部分地区为低—中危险性等级,局地为较高—高危险性等级。

4.5　风险评估与区划

4.5.1　GDP 风险评估

由于收集到的相关灾损资料不完整,仅结合 GDP 归一化值与高温危险性指数进行等权指数求积。从福泉市高温灾害 GDP 风险区划空间分布来看(图 4.9),大部分地区主要处于低—中风险等级,较高—高风险等级主要分布在县级和乡级行政中心驻地周围。马场坪街道、凤山镇、陆坪镇、龙昌镇等县级和乡级行政中心附近为较高—高风险等级;其余大部分地区为低—中风险等级。

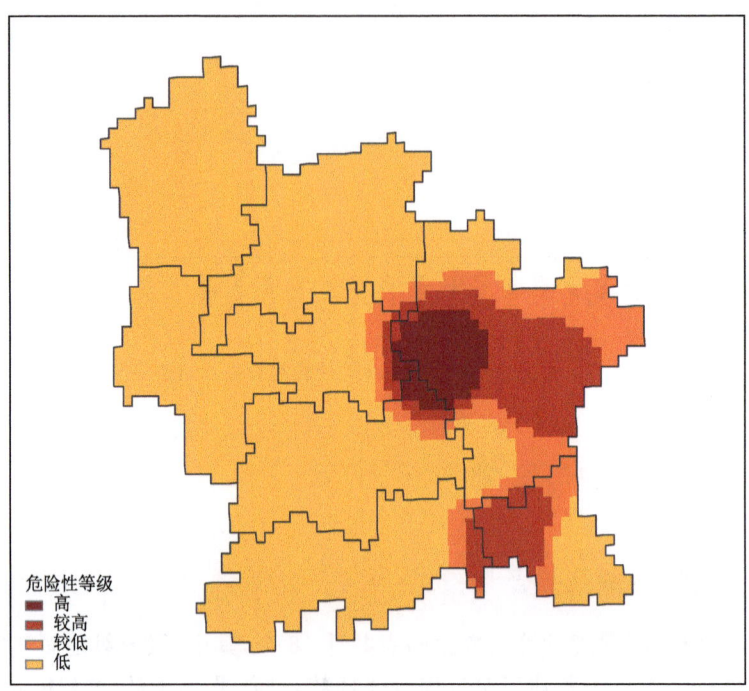

图 4.8　福泉市高温致灾危险性区划空间分布

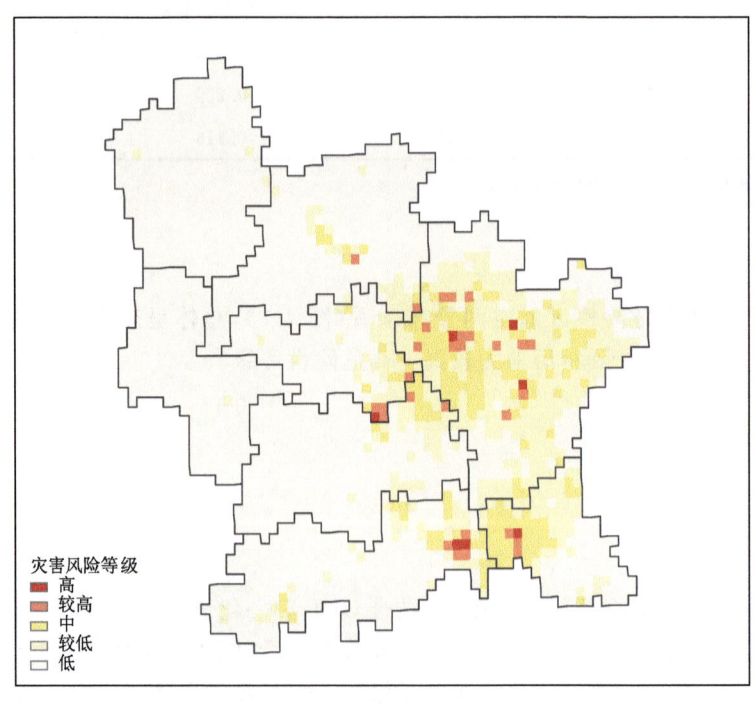

图 4.9　福泉市高温灾害 GDP 风险区划空间分布

4.5.2 人口风险评估

由于收集到的相关灾损资料不完整,仅结合人口数量归一化值与高温危险性指数进行等权指数求积。从福泉市高温灾害人口风险区划空间分布来看(图4.10),大部分地区主要处于低—中风险等级,较高—高风险等级主要分布在县级和乡级行政中心驻地周围。金山街道、马场坪街道、凤山镇、陆坪镇等县级和乡级行政中心附近为较高—高风险等级;其余大部分地区为低—中风险等级。

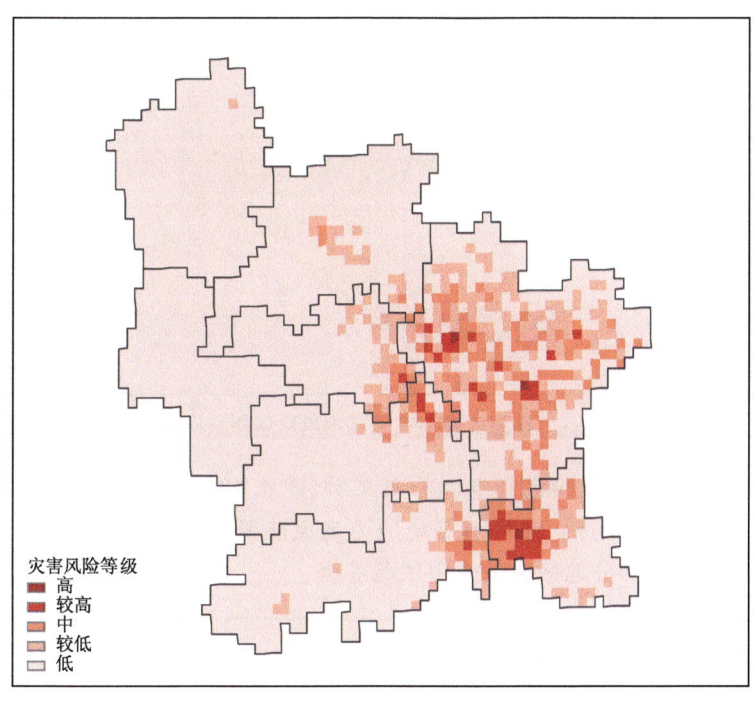

图 4.10 福泉市高温灾害人口风险区划空间分布

4.5.3 玉米风险评估

根据玉米的生育期,主要针对3—9月的高温过程强度进行统计和计算,得到玉米高温致灾危险性指数,由于收集到的相关灾损资料不完整,仅结合玉米种植面积归一化值与高温危险性指数进行等权指数求积。

从福泉市高温灾害玉米风险区划空间分布来看(图4.11),总体呈西北部较高,其余地区较低的分布趋势。道坪镇、牛场镇、仙桥乡等局地为高风险等级;金山街道、马场坪街道、凤山镇局地为较高—高风险等级;其余大部分地区为低—中风险等级。

4.5.4 水稻风险评估

根据水稻的生育期,主要针对4—10月的高温过程强度进行统计和计算,得到水稻高温致灾危险性指数,由于收集到的相关灾损资料不完整,仅结合水稻种植面积归一化值与高温危险性指数进行等权指数求积。

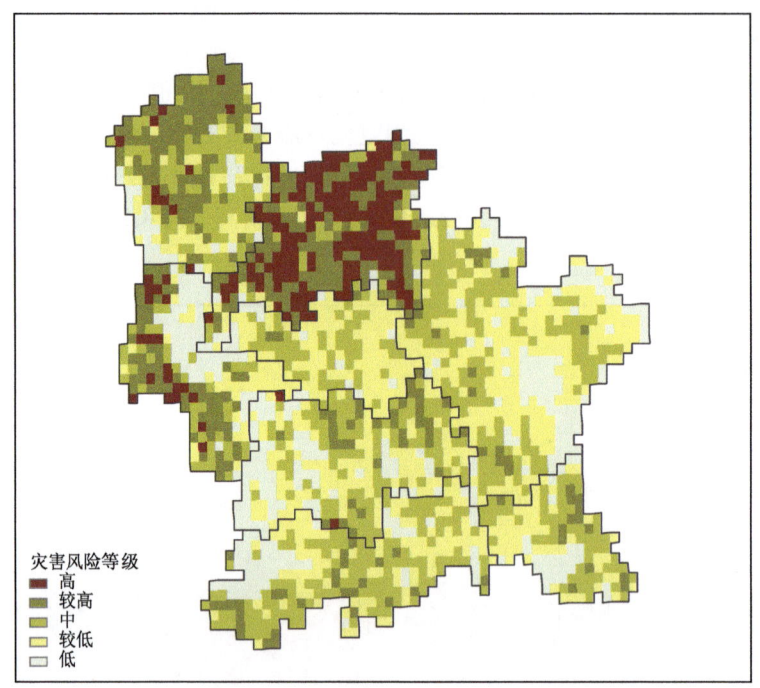

图 4.11　福泉市高温灾害玉米风险区划空间分布

从福泉市高温灾害水稻风险区划空间分布来看(图 4.12),总体呈北部和中部较高,其余地区分布不均。龙昌镇、牛场镇、陆坪镇等局地为高风险等级;道坪镇、金山街道等局地为较高—高风险等级;其余大部分地区为低—中风险等级。

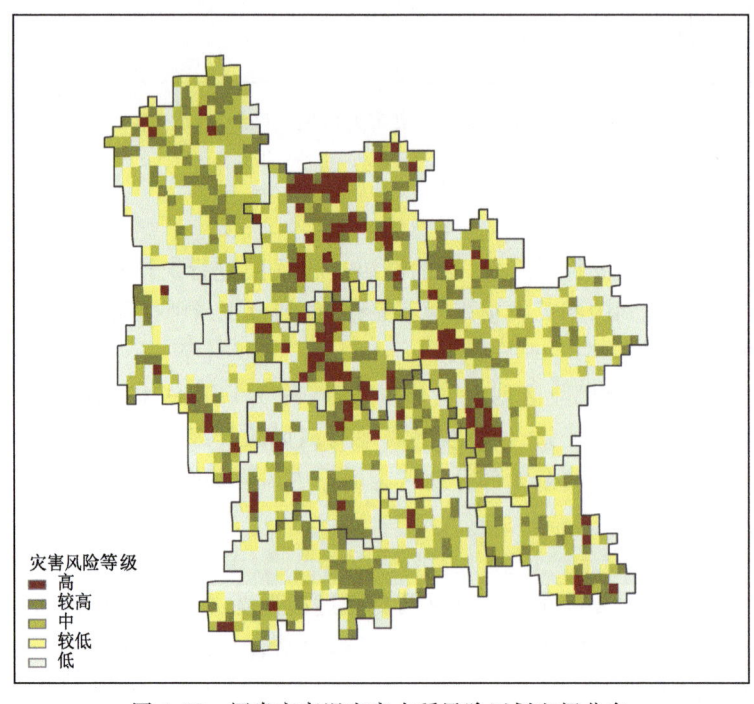

图 4.12　福泉市高温灾害水稻风险区划空间分布

4.6 总结

1978—2020年,福泉市多年平均最高气温为19.4 ℃;最低值为17.7 ℃,出现在1984年,最高值为20.5 ℃,出现在2013年。多年平均极端最高气温为33.7 ℃;最低值为31.2 ℃,出现在1993年;最高值为35.8 ℃,出现在2019年。多年平均高温日数为0.2 d;仅1988年、2002年、2005年、2013年、2019年和2020年出现高温天气;最高值为2 d,出现在2019年。多年平均最长连续高温日数为0.2 d;最高值为2 d,出现在2019年。多年平均高温初日和终日均在7月6日;最早初日和终日均出现在5月7日(1988年),最晚初日和终日均出现在8月13日(2005年)。

福泉市高温危险性等级总体呈现东高西低的分布趋势。高温灾害GDP风险在大部分地区为低—中风险等级,局地为较高—高风险等级;人口风险在大部分地区为低—中风险等级,局地为较高—高风险等级;玉米风险在大部分地区为较高—高风险等级,其余地区为低—中风险等级;水稻风险在局地为较高—高风险等级,其余大部分地区为低—中风险等级。

第5章 低 温

低温灾害是指因冷空气异常活动等原因造成剧烈降温以及冻雨、冰(霜)冻所造成的灾害事件。根据《贵州省气象灾害综合风险普查技术规范 低温灾害调查技术规范》(贵州省气象局减灾处下发,内部使用),对于低温灾害指标的规定,低温包括冷空气、霜冻害、低温阴雨寡照和凝冻4种灾害。

5.1 数据准备与处理

气象资料主要包括:福泉市常规气象观测站的日值数据,统计时段为1978—2020年,气象要素包括日平均气温、日最低气温、日降水量、日照时数、霜、雾凇、雨凇天气现象观测资料,涉及霜冻害和凝冻的资料(霜、雾凇、雨凇)统计时段延续至2021年3月31日,数据来源为贵州省气象信息中心。

基础地理信息:30″×30″网格,县界、乡镇界。

5.1.1 低温致灾因子定义与识别

(1)冷空气

参照《冷空气等级》(GB/T 20484—2017)的等级划分标准和《冷空气过程监测业务规定(试行)》(气预函〔2014〕110号)中对降温幅度的定义,冷空气识别的标准如下:单站出现较强冷空气(日最低气温48 h内降温幅度≥6 ℃),持续两日及以上,判定为出现一次单站冷空气过程,满足冷空气过程判定条件的首日为冷空气过程开始日,同时不满足冷空气过程判定条件和24 h内连续降温情况的前一日为冷空气过程结束日。每日监测区内有≥20%的国家级气象观测站点出现中等及以上强度的单站冷空气,且持续两日及以上,则为一次省级冷空气过程;如果在一次省级或单站冷空气过程中,逐日出现中等及以上强度的冷空气站点数随时间先减少后增加,则此次冷空气过程应判定为两次冷空气过程。站点数出现增加的前一日为前一次冷空气过程结束日,站点数出现增加的当日为后一次冷空气过程的开始日。

(2)霜冻害

根据霜冻定义,地面最低温度出现≤0 ℃作为霜冻日,统计每次霜冻开始、结束日期,以及年度初霜冻和终霜冻日序和持续时间。每年霜冻日数为当年符合地面最低温度≤0 ℃的天数,最长连续霜冻日数为当年连续符合地面最低温度≤0 ℃的天数。

(3)低温阴雨寡照

凡出现日降水量≥0.1 mm,日平均气温≤20 ℃,持续时间达5 d或以上的时段(从第6 d起,允许有间隔2 d无降水量),且过程平均日照时数<2 h/d,其过程平均气温低于历年同期。满足低温阴雨寡照过程判定条件的首日为低温阴雨寡照过程开始日,满足低温阴雨寡照过程

判定条件的最后一日为低温寡照阴雨过程结束日。

(4)凝冻

依据国家级站点天气现象的观测记录,当日观测到有雨凇或雾凇天气现象时统计为一个凝冻日,单站连续出现 3 d 以上(含 3 d)凝冻(雨凇)日则为单站凝冻过程的起始条件,第一日定义为凝冻过程的开始日。当凝冻(雨凇)现象连续两天中断标志着凝冻过程的结束,凝冻消失的前一日定义为凝冻结束日。规定某日监测区域内有≥10%的国家级气象观测站出现单站凝冻过程,则为一个区域性凝冻日,若监测区域内连续出现 3 d 及以上区域性凝冻日,则一次区域性凝冻过程开始,连续出现 2 d 非区域性凝冻日,则该次区域性凝冻过程结束,过程首个区域性凝冻日为过程开始日,最后一个区域性凝冻日为过程结束日,开始日至结束日(含)的天数为过程持续天数。

凝冻统计时段为当年 11 月 1 日至次年 3 月 31 日,所属年份为当年冬季,如 2008 年 1 月 13 日至 2 月 10 日的凝冻过程,所属年份为 2007 年冬季,或 2007/2008 年冬季。

5.1.2 数据处理方法

致灾因子气候平均特征选用 1978—2020 年(43 a)作为平均统计时段。

极端值统计选用 1978—2020 年的极值。

数据处理过程中使用了归一化方法、信息熵赋权法和自然断点法。

5.2 技术方法

5.2.1 致灾因子选取

福泉市低温灾害的风险评估包括冷空气、霜冻害、低温阴雨寡照、凝冻 4 种低温灾害,首先,按照《贵州省气象灾害综合风险普查技术规范 低温灾害调查技术规范》中对 4 个低温灾种的定义,识别各站历史的灾害过程并统计过程特征量,包括开始时间、结束时间、持续时间、过程中平均温度、最低温度、降温幅度、降水量等统计量;其次,根据不同灾种的成灾机理,筛选致灾因子,根据信息熵赋权法计算各致灾因子在各灾种风险评估模型中的权重系数。

5.2.2 致灾危险性评估技术方法

5.2.2.1 致灾危险性评估

基于 4 种低温灾害事件,确定各类型低温灾害致灾因子,如过程持续时间、发生频次和各种能够反映灾害强度的平均统计量和极值,运用信息熵赋权法获取各因子的权重系数,具体致灾因子及对应的权重系数见表 5.1。

各灾种危险性指数的计算公式如下:

(1)冷空气危险性指数计算公式如下:

$$H_c = a \times D_c + b \times F_c + c \times S_{max}\Delta T + d \times ET_{min} \tag{5.1}$$

式中,H_c 为冷空气危险性指数;D_c、F_c、$S_{max}\Delta T$、ET_{min} 分别是归一化后的 4 个致灾因子指数;a、b、c、d 分别为 4 个致灾因子的权重系数。

(2)霜冻害危险性指数计算公式如下:

$$H_f = a \times D_f + b \times RX_a - c \times RX_b + d \times AT_{min} \tag{5.2}$$

式中，H_f 为霜冻害危险性指数；D_f、RX_a、RX_b、AT_{min} 分别是归一化后的 4 个致灾因子指数；a、b、c、d 分别为 4 个致灾因子的权重系数。

(3)低温阴雨寡照危险性指数计算公式如下：

$$H_l = a \times D_l + b \times F_l + c \times PAS + d \times ED_l \tag{5.3}$$

式中，H_l 为低温阴雨寡照危险性指数；D_l、F_l、PAS、ED_l 分别是归一化后的 4 个致灾因子指数；a、b、c、d 分别为 4 个致灾因子的权重系数。

(4)凝冻危险性指数计算公式如下：

$$H_i = a \times D_i + b \times F_i + c \times AT_{min} + d \times ED_i \tag{5.4}$$

式中，H_i 为凝冻危险性指数；D_i、F_i、AT_{min}、ED_i 分别是归一化后的 4 个致灾因子指数；a、b、c、d 分别为 4 个致灾因子的权重系数。

表 5.1　各灾种的致灾因子及相应的权重系数

冷空气	致灾因子	过程持续天数（D_c）	过程发生频次（F_c）	过程累积降温幅度 $S_{max}\Delta T$	过程极端最低气温（ET_{min}）
	权重系数	0.286	0.262	0.315	0.137
霜冻害	致灾因子	霜冻日数（D_f）	初霜日序（RX_a）	终霜日序（RX_b）	霜冻期平均最低气温（AT_{min}）
	权重系数	0.257	0.244	0.247	0.252
低温阴雨寡照	致灾因子	年持续天数（D_l）	发生频次（F_l）	过程平均日照时数（PAS）	最长持续天数（ED_l）
	权重系数	0.239	0.247	0.263	0.251
凝冻	致灾因子	凝冻日数（D_i）	过程发生频次（F_i）	过程平均最低气温（AT_{min}）	最长持续天数（ED_i）
	权重系数	0.271	0.266	0.266	0.196

低温灾害涉及冷空气、霜冻害、低温阴雨寡照、凝冻 4 个灾害类型，分别计算各低温灾害危险性之后，将各低温灾害危险性指数加权求和得到低温灾害危险性指数。低温灾害危险性指数计算公示如下：

$$H = \sum_{i=1}^{n}(a_i \times H_i) \tag{5.5}$$

式中，H 为致灾因子危险性指数；H_i 为第 i 种低温灾害(冷空气、霜冻害、低温阴雨寡照、凝冻)危险性指数；a_i 为第 i 种低温灾害权重系数；n 为致灾因子个数，可由信息熵赋权法获得(表 5.2)。

表 5.2　各灾种在综合风险评估指标中所占的权重系数

致灾因子	冷空气	霜冻害	低温阴雨寡照	凝冻
权重系数	0.229	0.224	0.244	0.304

5.2.2.2　致灾危险性分区

基于低温灾害危险性评估结果，综合考虑行政区划(或气候区、流域等)，对低温灾害危险性进行基于空间单元的划分。分别将 4 种低温灾害因子的过程持续天数、过程发生频次、过程累积降温幅度和过程极端最低气温与台站地理信息(经度、纬度和海拔高度)建立推算模型,利用 ArcGIS 软件计算得到 4 种低温灾害的推算值,用各站点的实测值与推算值做算术运算得到残差值,用反距离权重插值法对其残差部分进行空间内插,将残差结果与推算结果进行叠加,得到 4 种低温灾害空间分布图,利用信息熵赋权法计算 4 种低温灾害的权重,并进行叠加计算。

基于低温致灾危险性指数,根据自然断点法,将低温致灾危险性划分为高(Ⅰ)、较高(Ⅱ)、较低(Ⅲ)、低(Ⅳ)4 个等级(表 5.3),按照行政区域绘制低温危险性区划空间分布图。

表 5.3 低温灾害危险性等级划分标准

等级值	等级名称	标准
Ⅰ	高	$H \geqslant (ave+\sigma)$
Ⅱ	较高	$ave \leqslant H < (ave+\sigma)$
Ⅲ	较低	$(ave-\sigma) \leqslant H < ave$
Ⅳ	低	$H < (ave-\sigma)$

注:H 为危险性指标值,ave 为区域内非 0 危险性指标值均值,σ 为区域内非 0 危险性指标值标准差。

5.2.3 风险评估技术方法

致灾因子的危险性仅反映了低温可能产生的危害大小,而实际造成危害的程度还与承灾体特征有关。

5.2.3.1 主要承灾体暴露度

选取人口、经济、农业(小麦、玉米、水稻)承灾体进行暴露度分析,具体方法如下。
(1)人口暴露度:人口数量(单位:人);
(2)经济暴露度:GDP(单位:万元);
(3)农业暴露度:小麦、玉米、水稻种植面积(单位:hm^2)。

为了消除各指标的量纲差异,对人口暴露度、经济暴露度、农业暴露度指标进行归一化处理。

5.2.3.2 低温灾害风险评估

由于低温灾害涉及冷空气、霜冻害、低温阴雨寡照、凝冻 4 种类型,结合对不同承灾体暴露度和脆弱性评估结果,基于低温灾害风险评估模型,分别对各类低温灾害开展风险评估工作。低温灾害风险评估模型如下:

$$R = H \times E \times V \tag{5.6}$$

式中,R 为特定承灾体低温灾害风险评价指数;H 为致灾因子危险性指数;E 为承灾体暴露度指数;V 为脆弱性指数。

(1)暴露度评估

采用区域范围内人口、GDP、农作物种植面积和平均产量等作为评估指标来表征人口、经济、农作物等承灾体暴露度。

以区域范围内承灾体数量或种植面积与总面积之比作为承灾体暴露度指标为例,暴露度指数计算方法如下:

$$E_{vs} = \frac{S_E}{S} \tag{5.7}$$

式中,E_{vs} 为承灾体暴露度指标;S_E 为区域内承灾体数量或种植面积;S 为区域总面积或耕地面积[参照《农业气象灾害风险区划技术导则》(QX/T 527—2019)]。

(2)脆弱性评估

脆弱性评估可采用区域范围内低温灾害受灾人口、直接经济损失、受灾面积、灾损率等作为评估敏感性的指标来表征脆弱性。

以区域范围内受灾人口、直接经济损失、主要农作物受灾面积与总人口、GDP、农作物总种植面积之比作为脆弱性指标为例,脆弱性指数计算方法如下:

$$V_i = \frac{S_V}{S} \tag{5.8}$$

式中,V_i 为第 i 类承灾体脆弱性指数;S_V 为受灾人口、直接经济损失或受灾面积;S 为总人口、GDP 或农作物种植总面积。

对各评估指标进行归一化处理,得到不同承灾体的脆弱性指数。

5.2.3.3 低温灾害风险分区

依据风险评估结果,针对不同承灾体,使用标准差方法定义风险等级区间,将低温灾害风险按 5 个等级划分,风险等级划分标准见表 5.4。

表 5.4 低温灾害风险区划等级划分标准

等级	等级名称	标准
Ⅰ	高	$R \geqslant (ave+\sigma)$
Ⅱ	较高	$(ave+0.5\sigma) \leqslant R < (ave+\sigma)$
Ⅲ	中	$(ave-0.5\sigma) \leqslant R < (ave+0.5\sigma)$
Ⅳ	较低	$(ave-\sigma) \leqslant R < (ave-0.5\sigma)$
Ⅴ	低	$R < (ave-\sigma)$

注:R 为风险评估结果指标值,ave 为区域内非 0 风险指标值均值,σ 为区域内非 0 风险值标准差。

5.3 致灾因子特征分析

5.3.1 冷空气

统计 1978—2020 年福泉市平均冷空气年日数为 43.6 d,高于全省平均日数(35 d),年冷空气日数有变少趋势,减少的速率约为 3.7 d/10a,其中,冷空气日数达到 60 d 以上的年份有:1978 年、1979 年、1985 年、1987 年和 1996 年(图 5.1)。

统计 1978—2020 年福泉市平均年冷空气频次为 11 次,略高于全省平均日数(9 次),年冷空气频次有变少趋势,减少的速率约为 1 次/10a,年际变化趋势与发生日数一致(图 5.2)。

从 1978—2020 年福泉市冷空气过程中极端最低气温的年际变化可见,福泉市冷空气过程中的极端最低气温为 −6 ℃左右,近 30 a 来的极端最低气温有所增加,主要介于 −4~−1 ℃(图 5.3)。

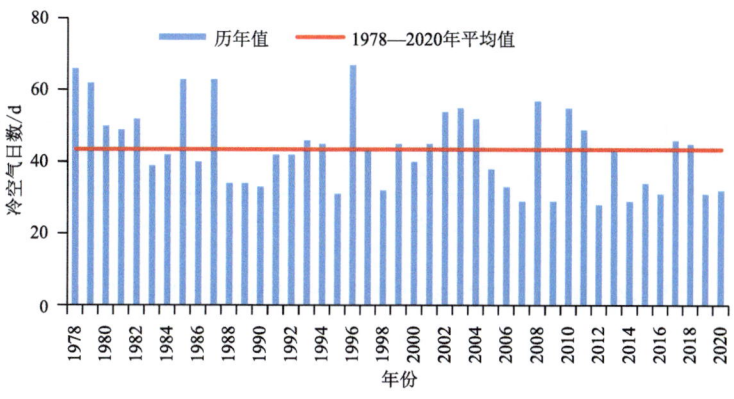

图 5.1　福泉市 1978—2020 年冷空气日数年际变化

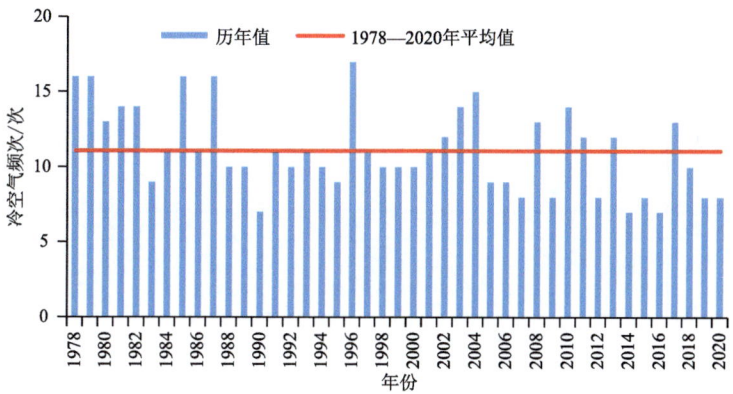

图 5.2　福泉市 1978—2020 年冷空气频次年际变化

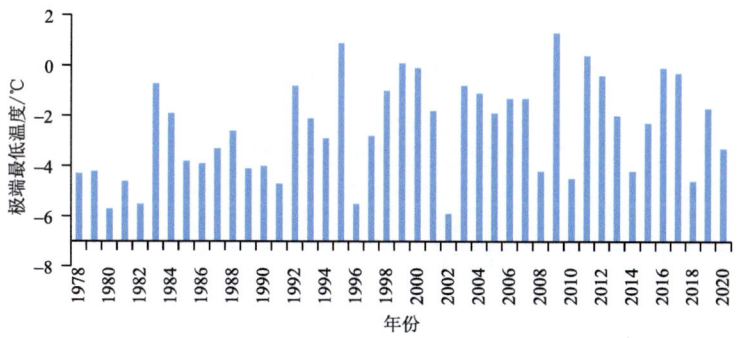

图 5.3　福泉市 1978—2020 年冷空气过程中极端最低气温年际变化

从冷空气日数年内分布情况可见，福泉市春季冷空气活动最为频繁，有超过 4 成冷空气日数均出现在春季，冬季次之，占比 29.5%，秋季占比 27.9%，夏季冷空气过程很少见，仅占比 2.5%。出现冷空气过程最多的月份为 3 月（16%），其次是 11 月（14%）（图 5.4）。

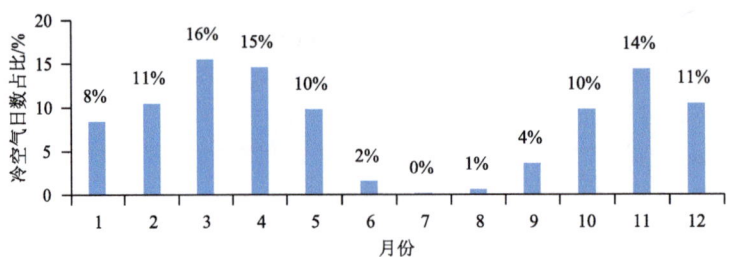

图 5.4 福泉市 1978—2020 年冷空气过程平均日数各月占比

5.3.2 霜冻害

统计 1978—2020 年福泉市常规观测站霜冻日数的年际变化,历史平均值为 22 d,高于全省站点平均值(17.4 d),近 30 a 平均值为 20 d,呈略有下降的趋势(图 5.5)。

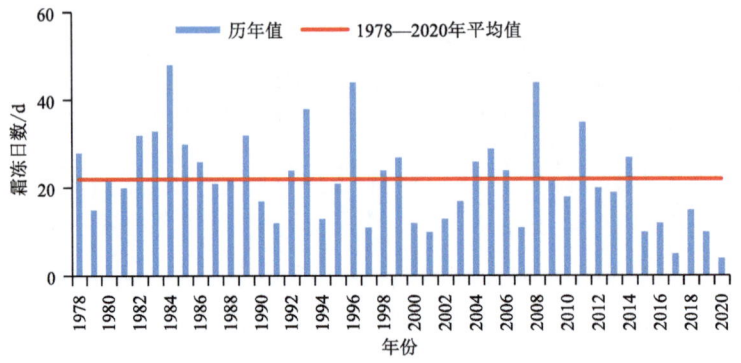

图 5.5 福泉市 1978—2020 年霜冻日数年际变化

从福泉市 1978—2020 年平均霜期年际变化来看,近 43 a 平均初霜日序为第 339 天(即 12 月 10 日),较全省站点平均值(第 343 天)略早,平均终霜日序为第 52 天(即 2 月 21 日),较全省站点平均值(第 46 天)略晚,平均霜期为 80 d,变化趋势不明显(图 5.6)。

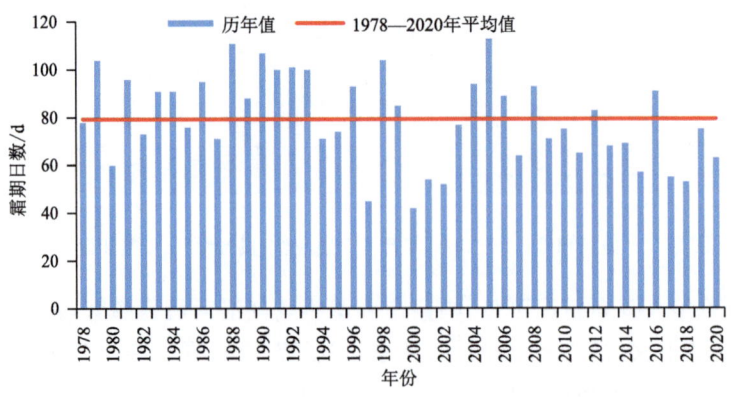

图 5.6 福泉市 1978—2020 年平均霜期的年际变化

5.3.3 低温阴雨寡照

统计1978—2020年福泉市常规观测站低温阴雨寡照日数年际变化,1978年以来平均值为65 d,高于全省站点平均值(50 d),近30 a平均值为60.8 d,呈略有下降趋势,1991年和2000年区域平均日数达到112 d,是历史上累积日数最多的两年(图5.7)。

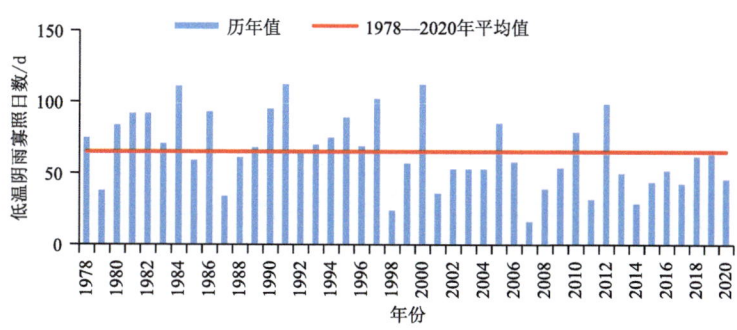

图5.7　福泉市1978—2020年低温阴雨寡照日数年际变化

1978—2020年福泉市低温阴雨寡照发生频次年际变化,大部分年份的发生频次为5~6次,近30 a来的趋势略有下降,变化不明显(图5.8)。

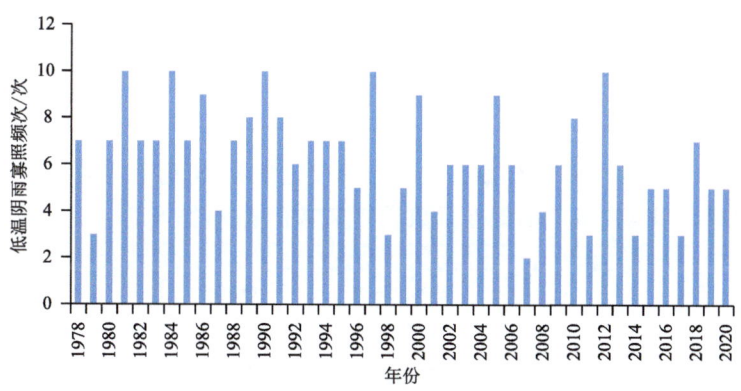

图5.8　福泉市1978—2020年低温阴雨寡照频次年际变化

1978—2020年福泉市低温阴雨寡照日数单次过程持续最长天数的平均值为16.7 d,历史上持续时间最长为2019年2月8日至3月9日发生了持续30 d的单次过程,其次的两次过程分别发生在1982年1月27日至2月23日和1991年1月18日至2月14日都发生了持续28 d的单次过程(图5.9)。

从福泉1978—2020年低温阴雨寡照日数的各月占比变化来看,低温阴雨寡照主要发生在冬春两季,占比均为38%,秋季占比22%,夏季占比2%。3月是全年出现低温阴雨寡照日数最多的月份,占比达到18%,夏季低温阴雨寡照过程发生很少(图5.10)。

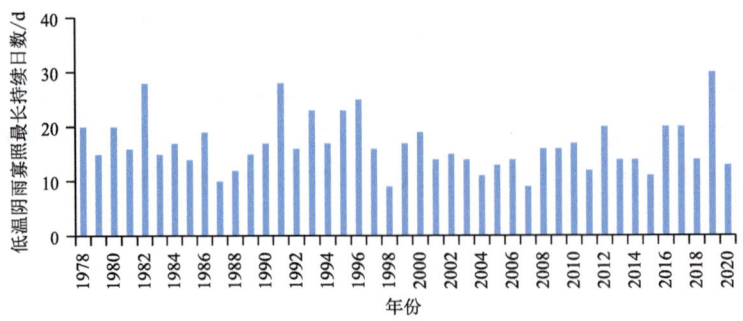

图 5.9　福泉市 1978—2020 年低温阴雨寡照最长持续天数年际变化

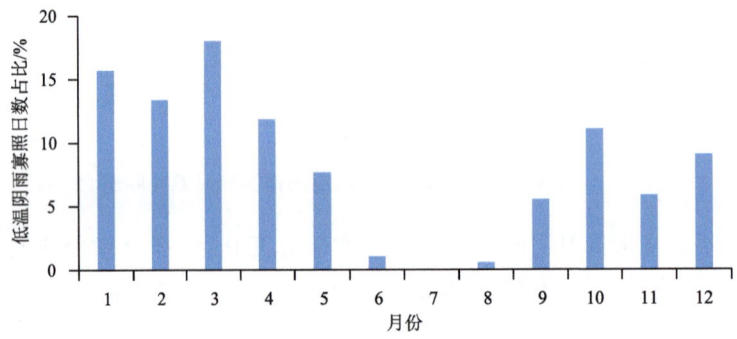

图 5.10　福泉市 1978—2020 年低温阴雨寡照日数各月占比

5.3.4　凝冻

从福泉市 1978—2020 年平均年凝冻日数年际变化来看,历史平均年凝冻日数为 5.7 d,略高于全省平均值(4.4 d),福泉市的凝冻日数近年来略有减少(图 5.11)。

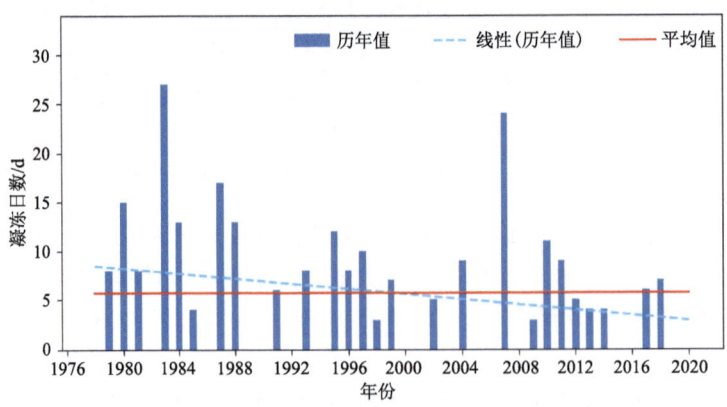

图 5.11　福泉市 1978—2020 年平均年凝冻日数年际变化

从凝冻日数的全年各月分布上来看,福泉市凝冻过程全部发生在冬季,且主要集中在 1 月,1 月占比 58%,2 月占比 30%,12 月占比为 12%(图 5.12)。

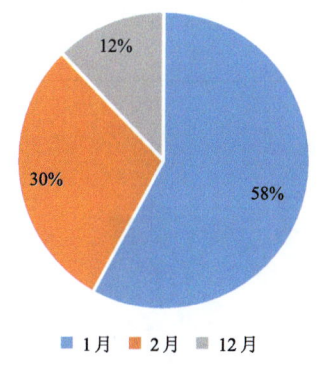

图 5.12　福泉市凝冻日数月占比

福泉市1978—2020年凝冻过程最长持续日数的变化与凝冻日数变化趋势一致,发生在2007年冬季(2008年1月13日至2月5日)一次凝冻过程持续天数达到24 d,其余超过10 d的年份还包括1983年冬季(1984年1月16日至2月6日)一次凝冻过程持续天数达到22 d和2010年冬季(2011年1月1日至2011年1月11日)一次凝冻过程持续11 d,其余发生凝冻的年份最长持续时间大部分处于4~8 d(图5.13)。

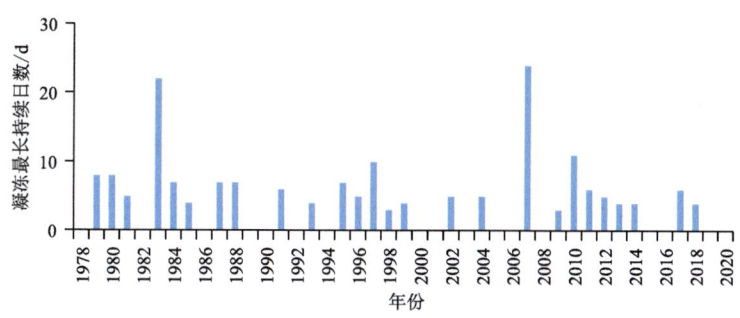

图 5.13　福泉市1978—2020年凝冻过程最长持续日数变化

5.4　致灾危险性评估与区划

从福泉市低温灾害危险性区划空间分布来看,福泉市低温危险性高风险区域主要分布在福泉市的西北部和西部地区,自道坪镇、牛场镇至仙桥乡北部的一线高海拔山区,位于金山街道、马场坪街道的边缘地区和部分地区;危险性低风险区域分布在东部的陆坪镇、凤山镇和福泉市的中南部地区;其余地区危险性等级介于两者之间(图5.14)。

5.5　风险评估与区划

5.5.1　GDP风险评估

由福泉市低温灾害GDP风险区划空间分布可见(图5.15),大部分地区处于低—中风险等级,较高—高风险等级主要分布在县级和乡级行政中心驻地周围。金山街道、马场坪街道、牛场镇等县级和乡级行政中心附近为较高—高风险等级;其余大部分地区为低—中风险等级。

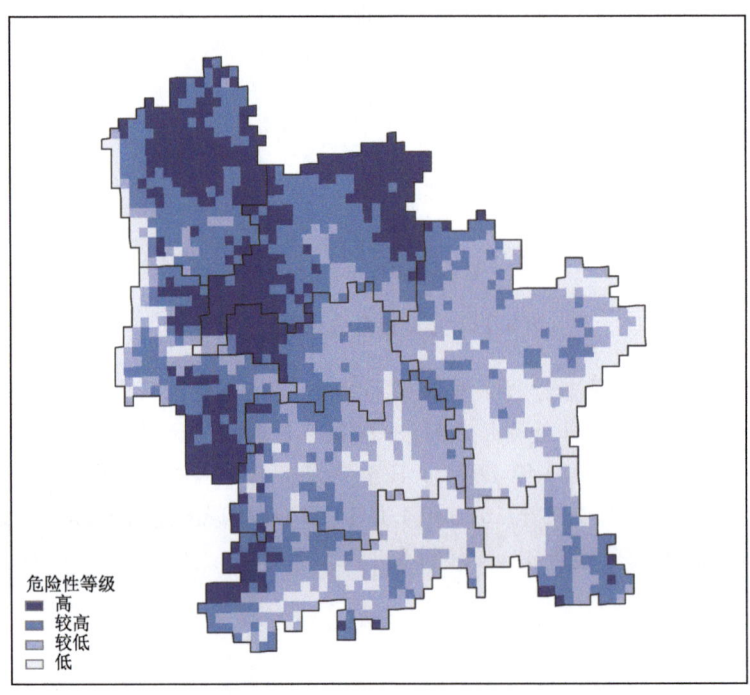

图 5.14　福泉市低温致灾危险性区划空间分布

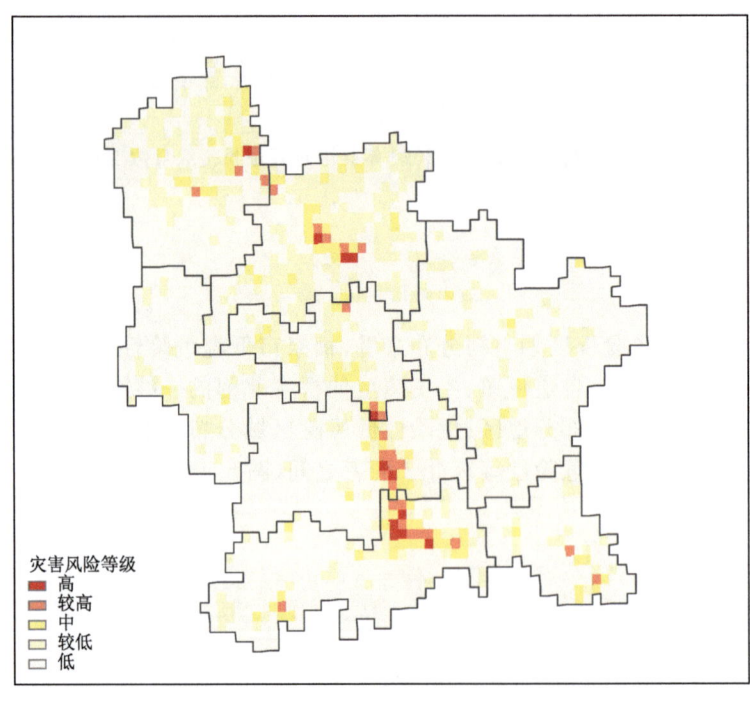

图 5.15　福泉市低温灾害 GDP 风险区划空间分布

5.5.2 人口风险评估

由福泉市低温灾害人口风险区划空间分布可见(图5.16),大部分地区主要处于低—中风险等级,较高—高风险等级主要分布在县级和乡级行政中心驻地周围。金山街道、马场坪街道、牛场镇、龙昌镇等县级和乡级行政中心附近为较高—高风险等级;其余大部分地区为低—中风险等级。

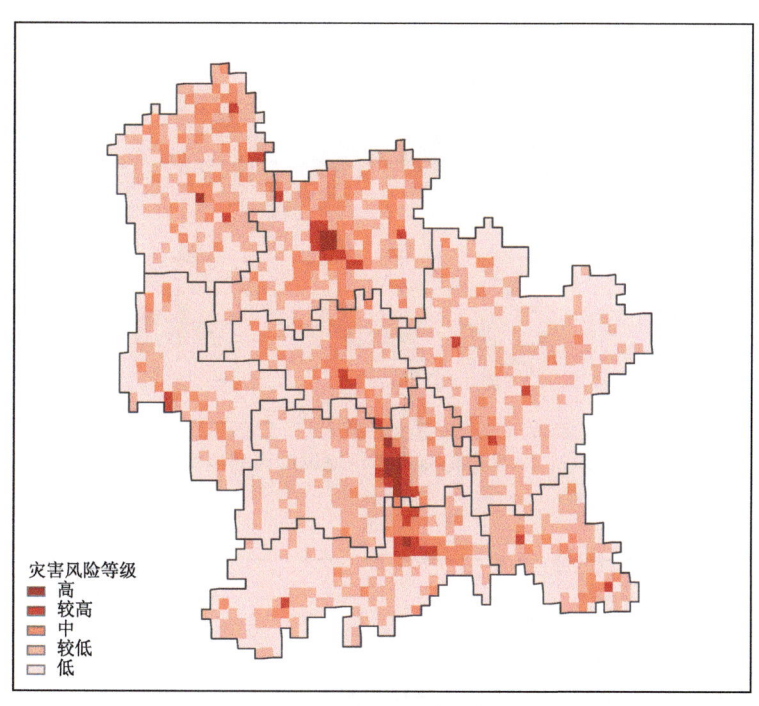

图 5.16　福泉市低温灾害人口风险区划空间分布

5.5.3 小麦风险评估

由福泉市低温灾害小麦风险区划空间分布可见(图5.17),总体呈西北部及东部较低,其余地区高的分布趋势。牛场镇、龙昌镇、仙桥乡、凤山镇、马场坪街道周围地区为较高—高风险等级;金山街道、陆坪镇局地为中—较高风险等级;其余大部分地区为低—较低风险等级。

5.5.4 玉米风险评估

由福泉市低温灾害玉米风险区划空间分布可见(图5.18),总体呈北部较高,其余地区较低的分布趋势。牛场镇等局地为高风险等级;仙桥乡、道坪镇局地为较高—高风险等级;其余大部分地区为低—中风险等级。

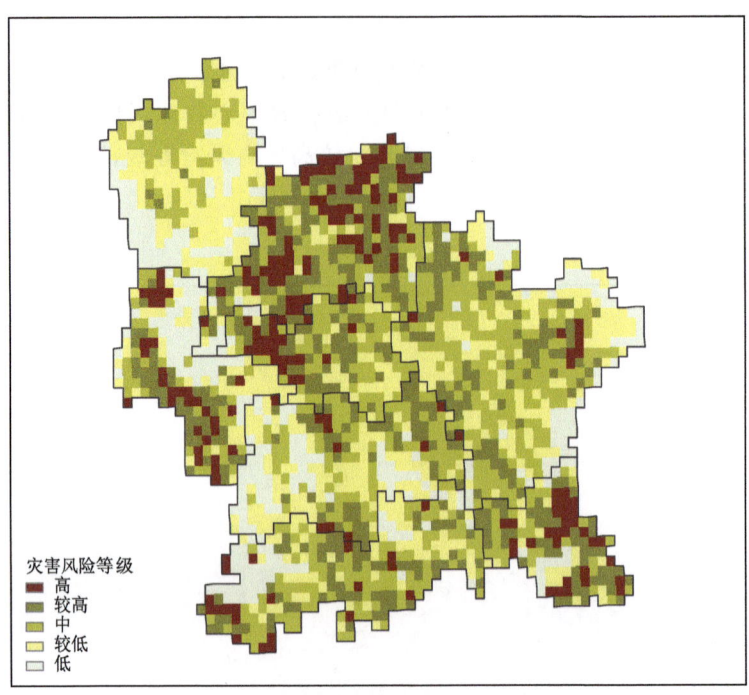

图 5.17 福泉市低温灾害小麦风险区划空间分布

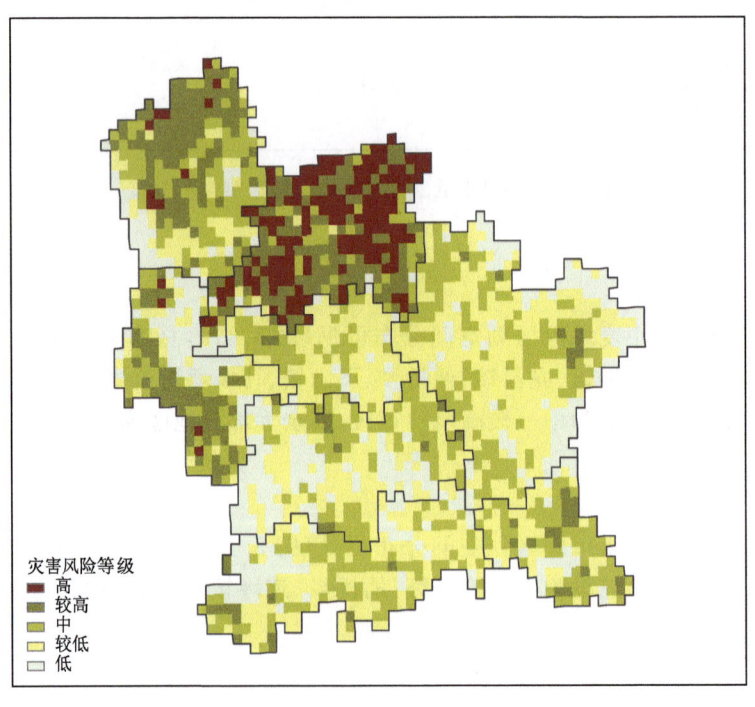

图 5.18 福泉市低温灾害玉米风险区划空间分布

5.5.5 水稻风险评估

由福泉市低温灾害水稻风险区划空间分布可见(图 5.19),总体呈北部和中部较高,其余地区分布不均的趋势。龙昌镇、牛场镇、金山街道等局地为较高—高风险等级;其余大部分地区为低—中风险等级。

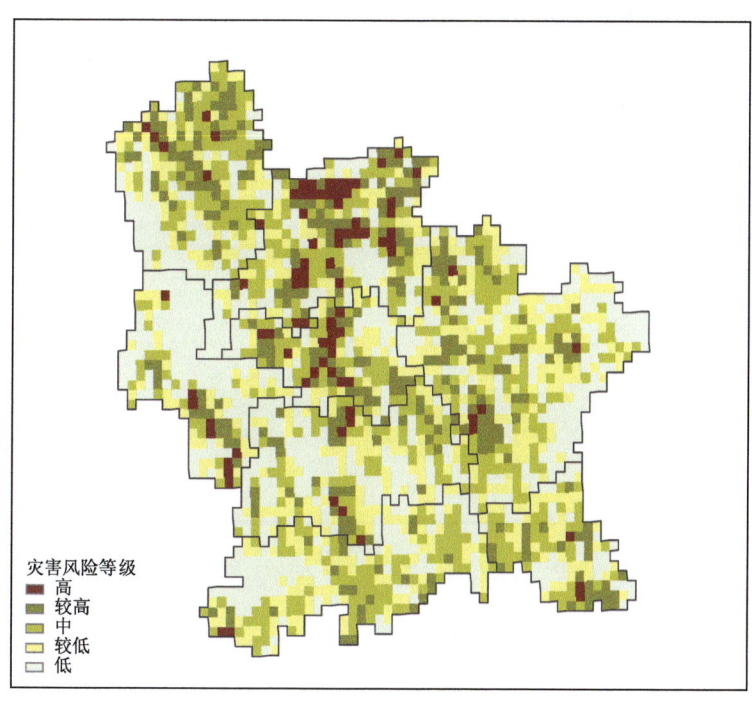

图 5.19　福泉市低温灾害水稻风险区划空间分布

5.6　总结

1978—2020 年,福泉市冷空气日数年平均为 43.6 d,呈南多北少分布趋势,发生时间在春季占比达到四成以上。霜冻日数历史平均值为 22 d,高于全省平均值,近 30 a 平均值为 20 d,呈略有下降趋势;近 43 a 平均初霜日序为第 339 d(即 12 月 10 日),较全省站点平均值(第 343 d)略早,平均终霜日序为第 52 d(即 2 月 21 日),较全省站点平均值(第 46 d)略晚,平均霜期为 80 d。福泉市低温阴雨寡照灾害持续天数历史平均值为 65 d,历史平均值为 60.8 d,呈略有下降趋势,大部分年份的发生频次为 5~6 次,主要发生在冬春两季,占比均为 38%。福泉市的凝冻日数高于全省平均值,平均每年为 5.7 d,近年来有减少趋势,凝冻灾害主要发生在 1 月和 2 月,合计占比达到 88%,2007 年冬季(2008 年 1 月 13 日至 2 月 5 日)凝冻过程持续天数达到 24 d,为 1978 年以来最严重的一次凝冻灾害过程。

福泉市低温危险性高风险区域主要分布在福泉市的西北部和西部地区,自道坪镇、牛场镇至仙桥乡北部的一线高海拔山区,位于金山街道、马场坪街道的边缘地区和部分地区;危险性低风险区域分布在东部的陆坪镇、凤山镇和福泉市的中部南部地区;其余地区危险性等级介于两者之间。

福泉市低温灾害GDP风险在大部地区为低—中风险等级,较高—高风险等级分布较少,主要分布在县级和乡级行政中心驻地周围;人口风险在大部分地区为低—中风险等级,较高—高风险等级分布较少,主要分布在县级和乡级行政中心驻地周围;小麦风险总体呈西北部及东部较低,其余地区高的分布趋势,东部周围地区为较高—高风险等级,其余大部分地区为低—中风险等级;玉米风险总体呈北部较高,其余地区较低的分布趋势,仙桥乡、道坪镇为较高—高风险等级,其余大部分地区为低—中风险等级;水稻风险总体呈北部和中部较高,其余地区分布不均匀趋势,龙昌镇、牛场镇、金山街道局部地区为较高—高风险等级,其余大部分地区为低—中风险等级。

第6章 大 风

根据《地面气象观测规范 天气现象》(GB/T 35224—2017),大风定义如下:大风是指瞬时风速达到或超过 17.2 m/s(或目测估计风力达到或超过 8 级)的风。大风灾害是指风力≥8级的风引起的灾害,是重要的气象灾害之一。作为一种突发性的灾害,它往往在很短时间就会对人类的生产、生活造成较大伤害。大风不仅会毁坏房屋、折断树木、损害农作物、增加森林起火风险、刮倒电线杆、吹飞广告牌,对交通、电力通信、渔业等造成直接影响,进而造成人员伤亡等,还会加剧其他自然灾害的危害程度,如在夏季强对流天气情况下常有雷暴、大风天气等。开展大风灾害调查与危险性评估,为政府有效开展大风灾害防治和应急管理工作,切实保障社会经济可持续发展,提供权威的大风灾害危险性信息和科学决策依据。

6.1 数据准备与处理

本章使用的资料为福泉国家级地面气象站的大风天气现象和极大风速逐日数据,大风天气现象时间为 1978—2020 年,极大风速时间为 2005—2020 年,数据来源为贵州省气象信息中心。

基础地理信息:包括县界、30″×30″网格。

大风名词定义如下:

大风:由非台风天气系统导致发生的日极大风速达 17.2 m/s(八级)及以上的风。

6.2 技术方法

6.2.1 致灾因子选取

选择发生大风的年平均次数(频次,日/年)和极大风速大小(强度,m/s)作为大风灾害致灾因子。

6.2.2 致灾危险性评估技术方法

选择发生大风的年平均次数(频次,d/a)和极大风速大小(强度,m/s)作为大风灾害致灾因子的危险性指数(H),H 可表示为:

$$H = W_G \times G + W_P \times P \tag{6.1}$$

式中,G 为大风强度;P 为大风频次;W_G、W_P 分别为 G、P 的权重,采用层次分析法对归一化处理后的大风强度和频次分别赋予权重;W_G 为 1/3,W_P 为 2/3。

基于大风致灾危险性指数,根据自然断点法,将大风致灾危险性划分为高(Ⅰ)、较高(Ⅱ)、较低(Ⅲ)、低(Ⅳ)4 个等级,按行政区域绘制大风危险性区划空间分布图。

6.2.3 风险评估技术方法

6.2.3.1 承灾体暴露度评估

暴露度评估采用评估范围内人口、GDP、玉米、水稻种植面积经过归一化处理作为大风暴露度的评估指标,得到不同承灾体的暴露度指数。

6.2.3.2 承灾体脆弱性评估

围绕人口、经济、农业等承灾体,选择相应的大风灾情损失指标,如:大风受灾人口、大风直接经济损失、大风农业成灾面积等计算相应的灾损率。

$$受灾人口率=受灾人口/总人口$$
$$直接经济损失率=直接经济损失/区域GDP$$
$$农业面积成灾率=农业成灾面积/农业种植面积$$

6.2.3.3 大风灾害风险评估

根据大风灾害的成灾特征和风险评估的目的、用途,选择加权求积评估模型,权重确定方法采用信息熵赋权法。

加权求积评估模型如下:

$$I_{HRI} = I_{VH} \times I_{VSI} \times I_{VE} \tag{6.2}$$

式中,I_{HRI} 为特定承灾体大风灾害风险评估指数;I_{VH} 为致灾因子危险性指数;I_{VSI} 为承灾体暴露度指数;I_{VE} 为脆弱性指数。

若无脆弱性资料,可只对致灾危险性和承灾体暴露度进行加权求积,得到风险评估结果。

6.2.3.4 大风灾害风险分区

依据风险评估结果,结合行政单元,采用自然断点法,对风险评估结果进行空间划分,将大风灾害风险划分为高(Ⅰ)、较高(Ⅱ)、中(Ⅲ)、较低(Ⅳ)、低(Ⅴ)5 个等级。

6.3 致灾因子特征分析

6.3.1 大风日数

6.3.1.1 年和月际特征

图 6.1 是福泉市 1978—2020 年年大风日数变化。从图中可以看出,福泉市多年大风日数的平均值为 1.9 d,其中,1983 年的大风日数最多,为 25.0 d;1980 年、1989 年、1992—1993 年、1996 年、2001—2003 年、2005—2006 年、2008—2012 年和 2014—2015 年福泉市未出现大风天气。

图 6.2 是福泉市 1978—2020 年月大风日数变化。从图中可以看出,福泉市大风日数集中在 4—5 月和 7—8 月,其中,5 月最多,为 0.42 d;12 月最少,未出现大风天气。

6.3.1.2 重现期

表 6.1 是福泉市不同重现期大风日数统计结果。从表中可以看出,福泉市 5 a、10 a、20 a、

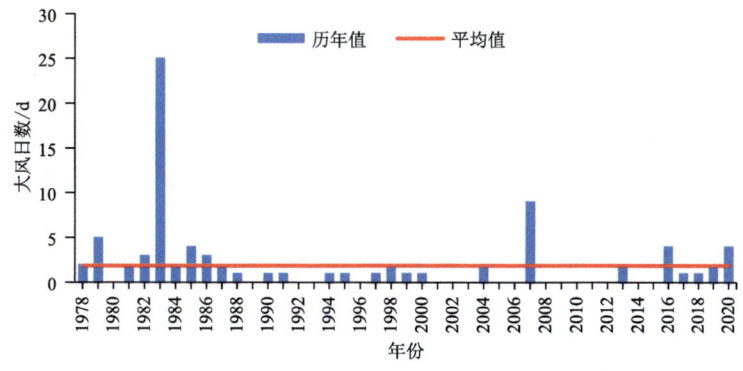

图 6.1　福泉市 1978—2020 年年大风日数变化

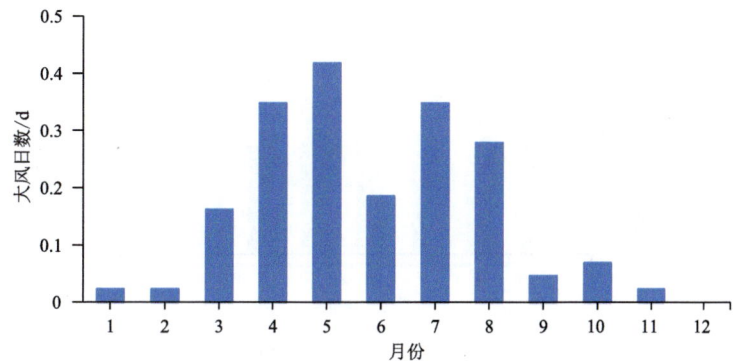

图 6.2　福泉市 1978—2020 年月大风日数变化

50 a 和 100 a 一遇的大风日数分别为 4.8 d、8.4 d、13.2 d、22.3 d 和 32.1 d。

表 6.1　福泉市不同重现期大风日数

重现期	5 a	10 a	20 a	50 a	100 a
大风日数/d	4.8	8.4	13.2	22.3	32.1

6.3.2　极大风速

6.3.2.1　年和月际特征

图 6.3 是福泉市 2005—2020 年年极大风速变化。从图中可以看出,福泉市多年极大风速的平均值为 17.7 m/s,其中,最大值为 26.4 m/s,出现在 2007 年,最小值为 14.3 m/s,出现在 2005 年。

图 6.4 是福泉市 2005—2020 年月极大风速变化。从图中可以看出,福泉市月极大风速的最大值出现在 5 月,为 26.4 m/s,最小值出现在 10 月,为 14.7 m/s。

6.3.2.2　重现期

表 6.2 是福泉市不同重现期极大风速统计结果。从表中可以看出,福泉市 5 a、10 a、20 a、50 a 和 100 a 一遇的极大风速分别为 19.2 m/s、21.7 m/s、24.3 m/s、28.1 m/s 和 31.1 m/s。

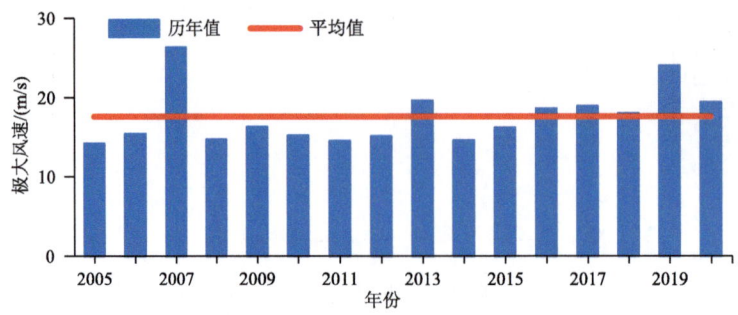

图 6.3 福泉市 2005—2020 年年极大风速变化

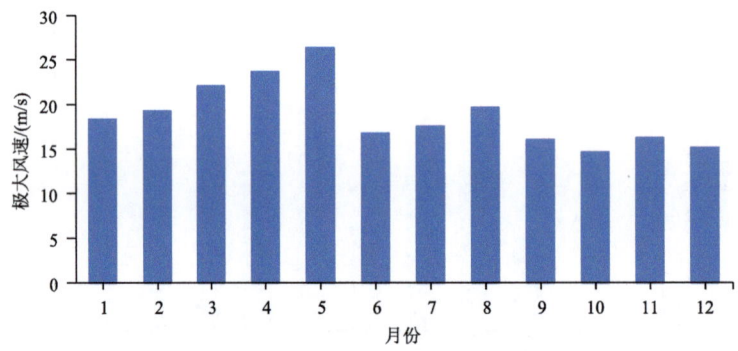

图 6.4 福泉市 2005—2020 年月极大风速变化

表 6.2 福泉市不同重现期极大风速

重现期	5 a	10 a	20 a	50 a	100 a
极大风速/(m/s)	19.2	21.7	24.3	28.1	31.1

6.4 致灾危险性评估与区划

6.4.1 致灾危险性气象站点及权重

用于福泉市大风致灾危险性评估的气象站点共计 1 个,为国家级地面气象站。大风强度和大风频次的权重系数分别为 0.333 和 0.667。

6.4.2 致灾危险性区划

从福泉市大风致灾危险性区划空间分布来看(图 6.5),总体呈西北部和中部高,东北部和西南部低的分布趋势。高危险性区域主要分布在福泉市的西北部地区,自道坪镇至仙桥乡北部的一线的高海拔山区;低危险性区域分布在东部的陆坪镇、凤山镇和福泉市的中部南部地区;其余地区危险性等级介于两者之间。

第 6 章 大风

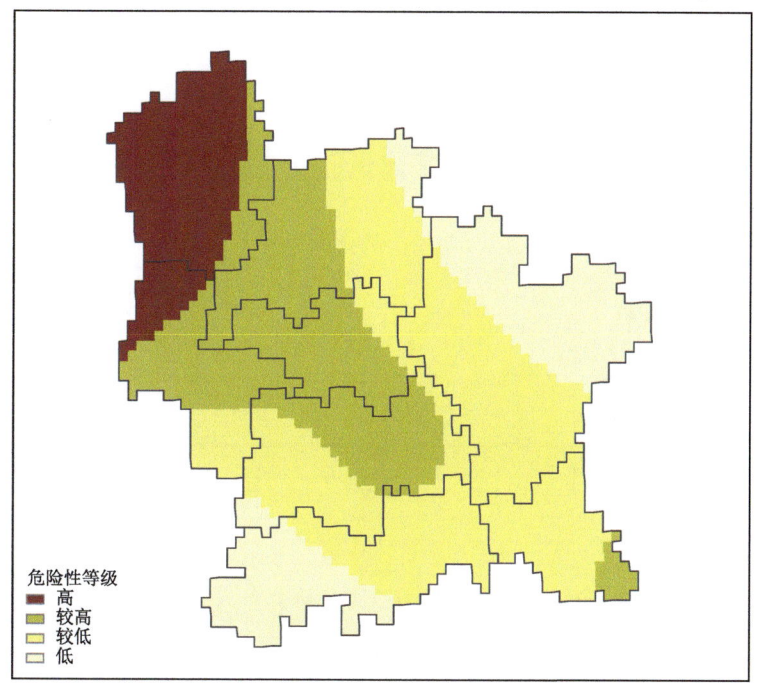

图 6.5 福泉市大风致灾危险性区划空间分布

6.5 风险评估与区划

6.5.1 GDP 风险评估

由于收集到的相关灾损资料不完整,仅结合 GDP 归一化值与大风危险性指数进行等权指数求积。从福泉市大风灾害 GDP 风险区划空间分布来看(图 6.6),大部分地区主要处于低—中风险等级,较高—高风险等级主要分布在县级和乡级行政中心驻地周围。金山街道、马场坪街道、牛场镇等县级和乡级行政中心附近为较高—高风险等级;其余大部分地区为低—中风险等级。

6.5.2 人口风险评估

由于收集到的相关灾损资料不完整,仅结合人口数量归一化值与大风危险性指数进行等权指数求积。从福泉市大风灾害人口风险区划空间分布来看(图 6.7),大部分地区主要处于低—中风险等级,较高—高风险等级主要分布在县级和乡级行政中心驻地周围。金山街道、马场坪街道、牛场镇、凤山镇、龙昌镇等县级和乡级行政中心附近为较高—高风险等级;其余大部分地区为低—中风险等级。

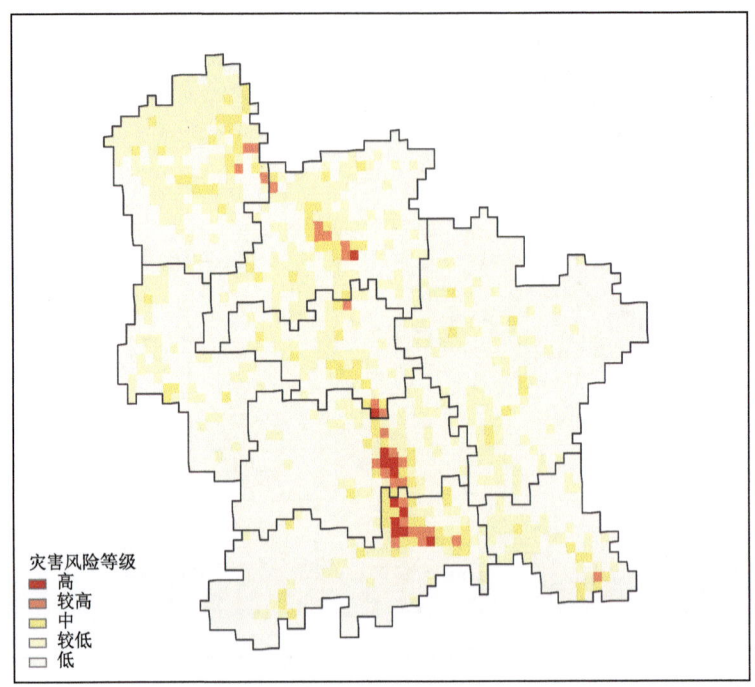

图 6.6 福泉市大风灾害 GDP 风险区划空间分布

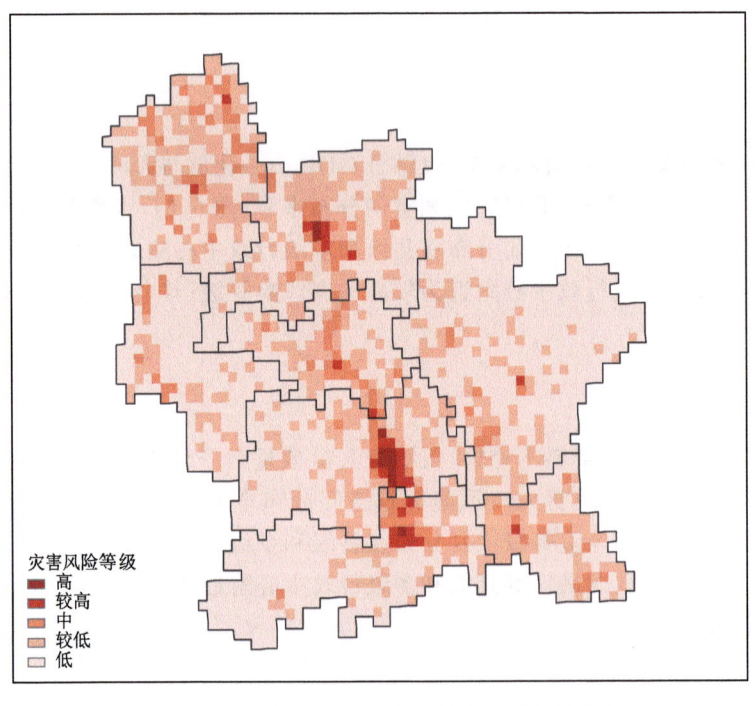

图 6.7 福泉市大风灾害人口风险区划空间分布

6.5.3 玉米风险评估

根据玉米的生育期,主要针对3—9月的大风过程强度进行统计和计算,得到玉米大风致灾危险性指数,由于收集到的相关灾损资料不完整,仅结合玉米种植面积归一化值与大风危险性指数进行等权指数求积。

从福泉市大风灾害玉米风险区划空间分布来看(图6.8),总体呈西北部较高,其余地区较低的分布趋势。道坪镇、牛场镇等局地为高风险等级;金山街道、凤山镇局地为较高—高风险等级;其余大部分地区为低—中风险等级。

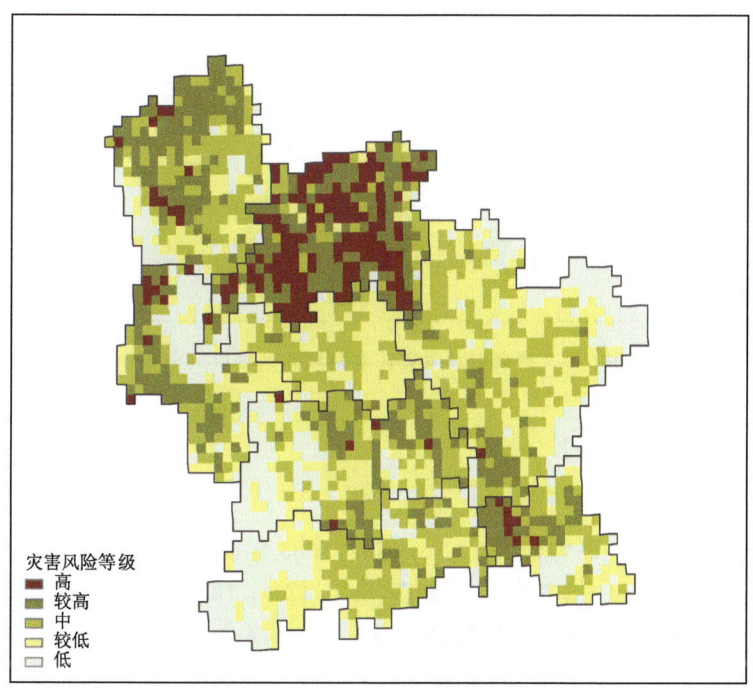

图6.8 福泉市大风灾害玉米风险区划空间分布

6.5.4 水稻风险评估

根据水稻的生育期,主要针对4—10月的大风过程强度进行统计和计算,得到水稻大风致灾危险性指数,由于收集到的相关灾损资料不完整,仅结合水稻种植面积归一化值与大风危险性指数进行等权指数求积。

从福泉市大风灾害水稻风险区划空间分布图来看(图6.9),福泉市大部分地区为低—中风险等级,局地为较高—高风险等级。总体呈中部较高,其余地区分布不均的趋势。龙昌镇、牛场镇、金山街道局地为较高—高风险等级;其余大部分地区为低—中风险等级。

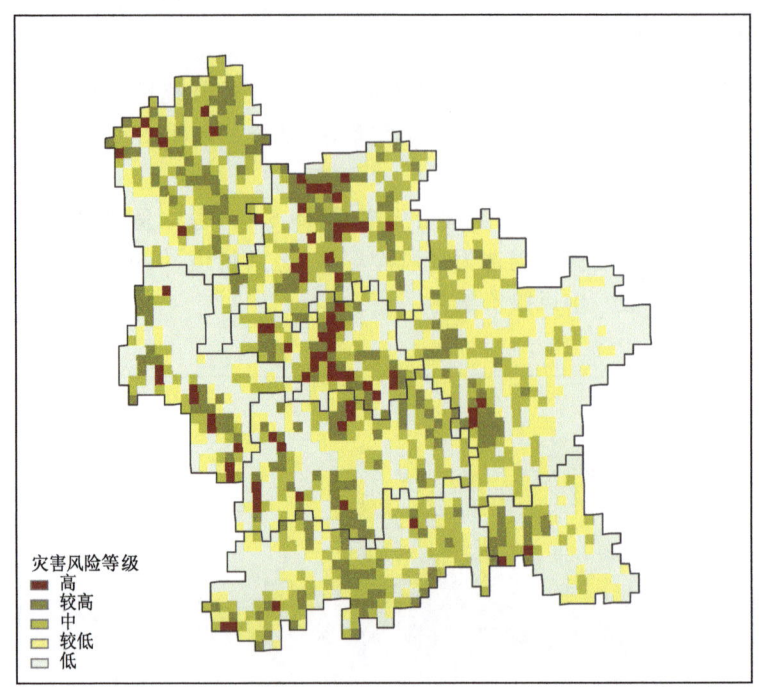

图 6.9 福泉市大风灾害水稻风险区划空间分布

6.6 总结

  福泉市多年大风日数的平均值为 1.9 d,其中,1983 年的大风日数最多,为 25.0 d。大风日数集中在 4—5 月和 7—8 月,其中,5 月最多,为 0.42 d;12 月最少,未出现大风天气。5 a、10 a、20 a、50 a 和 100 a 一遇的大风日数分别为 4.8 d、8.4 d、13.2 d、22.3 d 和 32.1 d。多年极大风速平均值为 17.7 m/s,其中,最大值为 26.4 m/s,出现在 2007 年,最小值为 14.3 m/s,出现在 2005 年。月极大风速的最大值出现在 5 月,为 26.4 m/s,最小值出现在 10 月,为 14.7 m/s。5 a、10 a、20 a、50 a 和 100 a 一遇的极大风速分别为 19.2 m/s、21.7 m/s、24.3 m/s、28.1 m/s 和 31.1 m/s。

  福泉市大风危险性等级总体呈西北部和中部高,东北部和西南部低的分布趋势。大风灾害 GDP 风险在行政区域周边为较高—高风险等级,其余大部分地区为低—中风险等级;人口风险在行政区域周边为较高—高风险等级,其余大部分地区为低—中险等级;玉米风险在西北部为较高—高风险等级,其余大部分地区为低—中风险等级;水稻风险在中部和北部为较高—高风险等级,其余地区为低—中风险等级。

第 7 章 冰 雹

冰雹是中小尺度天气系统发生、发展的产物,发生时间短暂,地域分布一般呈跳跃式和插花性分布,所带来灾害的单点性或局地性极为明显。一阵短促而强烈的冰雹灾害,常使农民辛勤耕种的成果毁于一旦,严重时还造成大片农作物颗粒无收。春季是贵州夏粮作物成熟收获期和秋粮作物幼苗生长期,此时又是冰雹多发季节,故冰雹给各地农业生产带来很大损失。

7.1 数据准备与处理

本章使用的资料为福泉市 1 个国家级气象站和全省另外 84 个国家级气象站的冰雹数据,冰雹致灾因子特征分析以及评估与区划所用数据时间为 1978—2020 年,数据来源为贵州省气象信息中心。

冰雹日数和降雹频次的规定。定义一个降雹日的时间为当日 08 时至次日 08 时,该时段内无论次数多少和时间长短均记为一个雹日。若某日一次冰雹过程有数个台站均出现冰雹,则每个台站均记录为一个雹日。降雹频次根据冰雹发生的起止时间统计,某个台站的一个雹日中可能出现多次降雹。

降雹时间质量控制。一次降雹过程一般持续 1～15 min,少数在 30 min 或以上,如果记录中出现降雹时间超过 15 min 的,需与观测记录核对,或通过互联网信息确认,如果无法确认则只记录雹日,不记录持续时间。

冰雹直径定量转换。冰雹直径的定性描述按照表 7.1 的对应关系转换成定量数据。

表 7.1 冰雹直径定性描述对应的冰雹直径估算

冰雹信息描述	估算冰雹直径/mm
拳头、鸭蛋	60～70
鸡蛋	50
乒乓球、核桃	40
鹌鹑蛋、葡萄、枣、卫生球、汤圆	20
蚕豆粒、杏核、扣子、指头、桐子米	15
花生米	10
玉米粒、豌豆粒、黄豆粒	8
绿豆、米粒	5

7.2 技术方法

7.2.1 致灾因子选取

对冰雹灾害的具体灾情进行解析,分离出不同承灾体的损失情况,利用承灾体损失计算灾损指数,通过灾损指数和致灾因子的关系分析,确定冰雹灾害致灾因子。以直接经济损失为例,具体方法如下:

(1)将评估区域内一次冰雹灾害造成的直接经济损失除以当年该区域的GDP,得到灾损指数:

$$I = D/E \tag{7.1}$$

式中,I 为灾损指数;D 为直接经济损失,单位为万元;E 为评估区域当年GDP,单位为万元。

实际情况中,如果缺少直接经济损失数据,也可以考虑采用农业受灾面积除以当年该区域的农业面积来表征灾损指数。

(2)使用皮尔逊(Pearson)相关系数计算方法,分别计算灾损指数与归一化处理后的最大冰雹直径、降雹持续时间、降雹时极大风速的相关系数,选取通过显著性检验($\alpha = 0.05$)的因子作为冰雹灾害致灾因子。

(3)当评估区域内收集的同时具备最大冰雹直径、降雹持续时间、降雹时极大风速和用于构建灾损指数的要素样本少于30个时,根据以往研究结果,直接选用最大冰雹直径、降雹持续时间和冰雹日数作为致灾因子。如果样本的最大冰雹直径、降雹持续时间缺值较多,可直接选用冰雹日数作为致灾因子。

7.2.2 致灾危险性评估技术方法

7.2.2.1 致灾危险性评估

通过灾损指数确定的冰雹致灾因子主要体现了冰雹强度的影响。当冰雹日数(或降雹频次)越多时,发生冰雹灾害的可能性越大,因此,冰雹灾害致灾危险性评估需综合考虑冰雹强度和冰雹日数(或降雹频次)的综合作用。因此,危险性指数(VE)为:

$$VE = 0.5\, X_G + 0.5\, X_R \tag{7.2}$$

式中,X_G 为冰雹强度指数样本平均值,将通过灾损指数确定的冰雹致灾因子进行加权求和,取历次过程平均值;X_R 为冰雹日数(或降雹频次)样本累积值。计算前各因子先在评估区域空间范围内进行归一化处理。

当选用最大冰雹直径、降雹持续时间、冰雹日数作为致灾因子时,危险性指数为:

$$VE = W_D X_D + W_T X_T + W_R X_R \tag{7.3}$$

式中,X_D 为最大冰雹直径样本平均值;X_T 为降雹持续时间样本平均值;X_R 为冰雹日数(或降雹频次)样本累积值,W_D、W_T、W_R 分别为3个因子的权重,可以采取层次分析法、信息熵赋权法、专家打分法赋值。计算前各因子先在评估区域空间范围内进行归一化处理。

当直接选用冰雹日数作为致灾因子时,危险性指数为:

$$VE = W_R X_R \tag{7.4}$$

此时，W_R 为 1。

7.2.2.2 致灾危险性分区

基于冰雹致灾危险性指数，采用自然断点法，将冰雹致灾危险性划分为高(Ⅰ)、较高(Ⅱ)、较低(Ⅲ)、低(Ⅳ)4个等级，按照行政区域绘制冰雹危险性区划空间分布图。

7.2.3 风险评估技术方法

致灾因子的危险性仅反映了冰雹可能产生的危害大小，是否产生冰雹与孕灾环境敏感性有关，实际造成危害的程度还与承灾体特征有关。

7.2.3.1 孕灾环境敏感性

可以选择海拔高度作为孕灾环境敏感性指数(VH)，也可以根据当地的实际情况和县(市、区)提供的数据选择适合的影响因子构建孕灾环境敏感性指数，采用加权求和：

$$VH = W_{VH1} \cdot X_{VH1} + \cdots + W_{VHn} \cdot X_{VHn} \tag{7.5}$$

式中，X_{VH} 为孕灾环境影响因子；W_{VH} 为孕灾环境影响因子权重，采用专家打分法或信息熵赋权法确定权重，为了消除各指标的量纲和数量级差异，应首先对入选的孕灾环境影响因子进行归一化处理。各地也可根据当地海拔高度与冰雹日数(或降雹频次)的关系，将海拔高度划分为不同的等级，对每个等级进行 0~1 的赋值来表征孕灾环境敏感性指数。

7.2.3.2 主要承灾体暴露度

选取人口、经济、农业(小麦、玉米、水稻)承灾体进行暴露度分析，具体方法如下。
(1)人口暴露度：人口数量(单位：人)；
(2)经济暴露度：GDP(单位：万元)；
(3)农业暴露度：小麦、玉米、水稻种植面积(单位：hm^2)。

为了消除各指标的量纲差异，对人口暴露度、经济暴露度、农业暴露度指标进行归一化处理。

7.2.3.3 冰雹灾害风险评估

根据冰雹灾害风险形成原理及评估指标体系，分别将致灾危险性、孕灾环境敏感性、承灾体易损性各指标进行归一化，再加权综合，建立风险评估模型，分别对不同承灾体进行风险评估。计算公式如下：

$$V = VE^{WE} \cdot VH^{WH} \cdot VS^{WS} \tag{7.6}$$

式中，V 为特定承灾体冰雹灾害风险评价指数；VE 为致灾危险性；VH 为孕灾环境敏感性；VS 为承灾体易损性，VS 包括暴露度(VD)和脆弱性(VF)；WE、WH、WS 分别为各指数权重，即

$$VS = VD \cdot VF \tag{7.7}$$

计算前各因子进行归一化处理，利用信息熵赋权法、专家打分法等确定权重。

因无法获取脆弱性资料，即冰雹造成的直接经济损失、人员伤亡、农作物成灾面积等数据，直接用承灾体暴露度表征其易损性。

7.2.3.4 冰雹灾害风险分区

根据风险评估结果，结合行政单元，采用自然断点法，对风险评估结果进行空间划分，将冰雹灾害风险划分为高(Ⅰ)、较高(Ⅱ)、中(Ⅲ)、较低(Ⅳ)、低(Ⅴ)5个等级。

7.3 致灾因子特征分析

7.3.1 冰雹日数

1978—2020年福泉市冰雹日数年际变化如图7.1所示。从图中可以看到,福泉市年冰雹日数呈增加趋势,近两年异常偏高。20世纪80年代至21世纪10年代中期的年冰雹日数较少,年平均冰雹日数0.78 d,最高值出现在2020年,达到8 d。

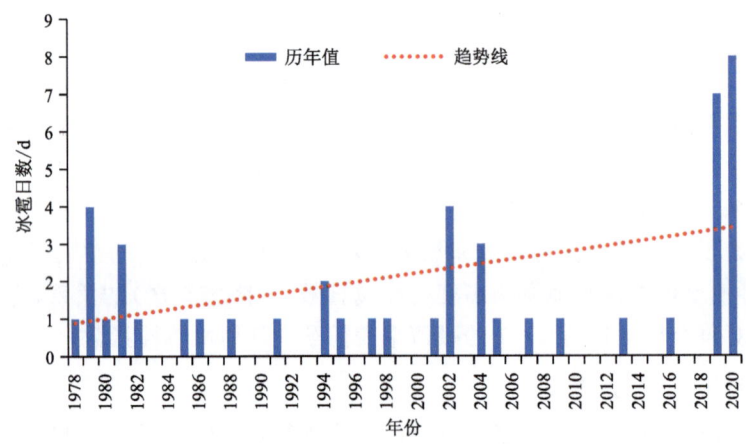

图7.1 福泉市1978—2020年冰雹日数年际变化

1978—2020年福泉市冰雹日数年内变化如图7.2所示。降雹主要集中在2—5月,占全年冰雹日数的80.9%,峰值出现在4月,达到13 d。

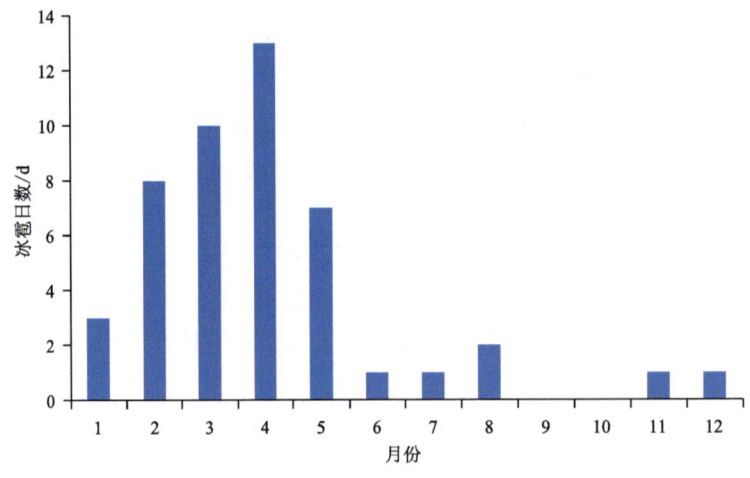

图7.2 福泉市1978—2020年冰雹日数年内变化

图7.3是福泉市1978—2020年冰雹日数日变化。从图中可以看出,福泉市降雹主要出现在13—19时,高峰时段出现在16—18时,峰值出现在16时,超过5 d。可见,福泉市冰雹天气主要发生在傍晚。

第 7 章 冰 雹

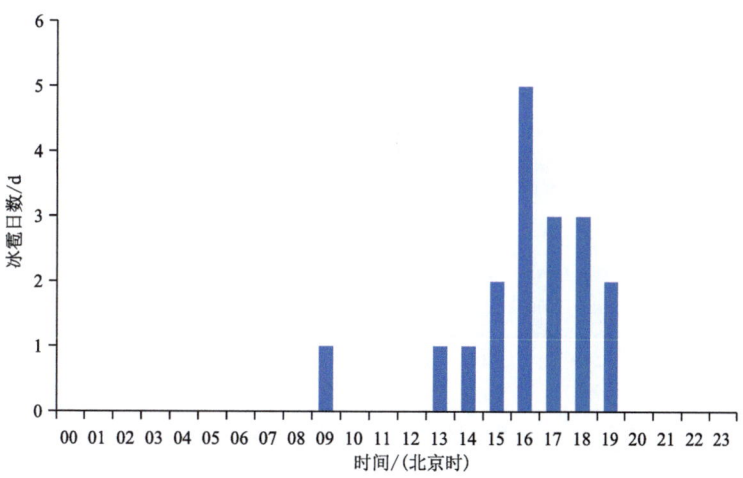

图 7.3　福泉市 1978—2020 年冰雹日数日变化

7.3.2　降雹持续时间

图 7.4 是福泉市 1978—2020 年降雹持续时间年际变化。从图中可以看出,福泉市整体降雹持续时间在 15 min 以下,2007 年出现高峰值,降雹平均持续时间 8.4 min。

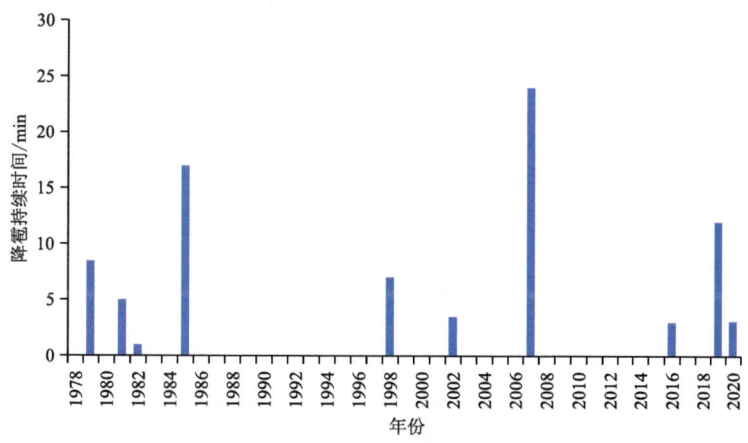

图 7.4　福泉市 1978—2020 年降雹持续时间年际变化

图 7.5 是福泉市 1978—2020 年降雹持续时间年内变化。从图中可以看出,福泉市各月的降雹持续时间在 2~12 min,平均降雹持续时间 6.8 min,7 月降雹持续时间最短,为 2 min。

7.3.3　最大冰雹直径

图 7.6 是福泉市 1978—2020 年最大冰雹直径年际变化。从图中可以看出,福泉市有 4 a 出现最大冰雹直径超过 20 mm 的降雹,其中,1995 年最大冰雹直径达 60 mm。平均最大冰雹直径 20.2 mm。

图 7.7 是福泉市最大冰雹直径年内变化。从图中可以看出,福泉市大冰雹主要出现在 4—5 月,从最大冰雹直径记录来看,平均最大冰雹直径 23.4 mm。

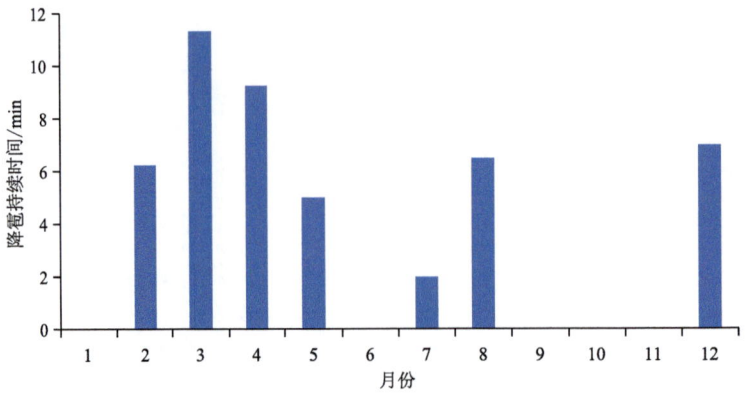

图 7.5 福泉市 1978—2020 年降雹持续时间年内变化

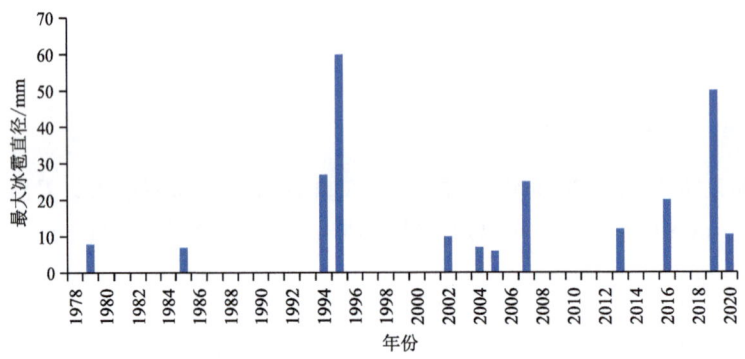

图 7.6 福泉市 1978—2020 年最大冰雹直径年际变化

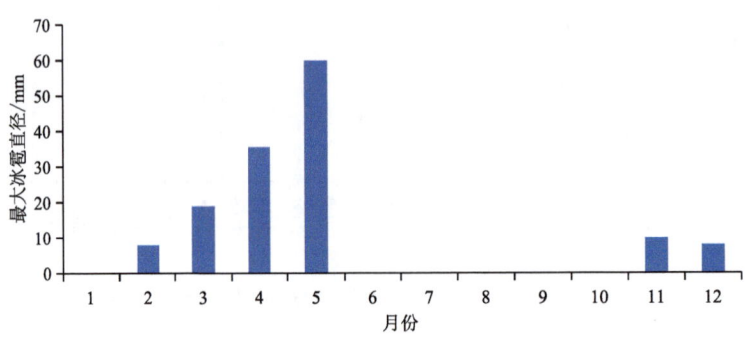

图 7.7 福泉市 1978—2020 年最大冰雹直径年内变化

7.3.4 极端冰雹及其重现期

表 7.2 是福泉市不同重现期冰雹日数。从表中可以看出,福泉市 5 a、10 a、20 a、50 a 和 100 a 一遇的最大冰雹日数分别为 2.37 d、3.4 d、4.4 d、5.68 d 和 6.65 d。

表 7.2 福泉市不同重现期冰雹日数

重现期	5 a	10 a	20 a	50 a	100 a
雹日极值/d	2.37	3.4	4.4	5.68	6.65

7.4 致灾危险性评估与区划

7.4.1 致灾因子选取

由于样本的最大冰雹直径、降雹持续时间缺值较多，直接选用年平均冰雹日数作为致灾因子。

7.4.2 致灾危险性区划

从福泉市冰雹致灾危险性区划空间分布来看（图7.8），冰雹致灾危险性等级总体由西南向东北逐步降低，每个危险性等级向东北方向隆起。冰雹灾害高危险性等级位于马场坪街道中西部，较高危险性等级位于金山街道、马场坪街道东部、仙桥乡南部和凤山镇西部地区，较低危险性等级位于仙桥乡、龙昌镇、陆坪镇西部和南部、凤山镇中东部；其余地区为低危险性等级。

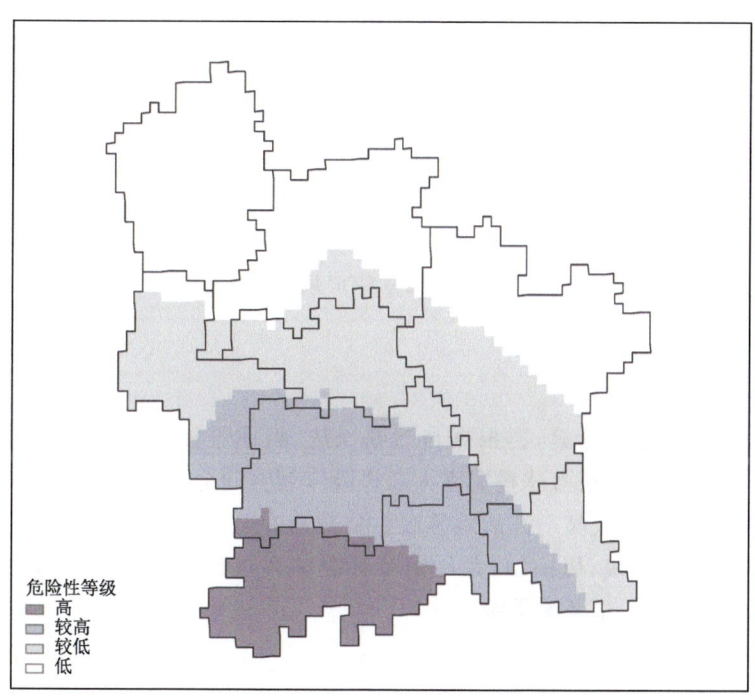

图7.8 福泉市冰雹致灾危险性区划空间分布

7.5 风险评估与区划

7.5.1 GDP风险评估

根据风险评估模型进行计算，再根据自然断点法，将冰雹灾害GDP风险划分为高、较高、中、较低、低5个等级。从福泉市冰雹灾害GDP风险区划空间分布来看（图7.9），大部分地区主要处于低—中风险等级,较高—高风险等级主要分布在县级和乡级行政中心驻地周围。金山街道、马场坪街道、牛场镇、龙昌镇等县级和乡级行政中心附近为较高—高风险等级;其余大部分地区为低—中风险等级。

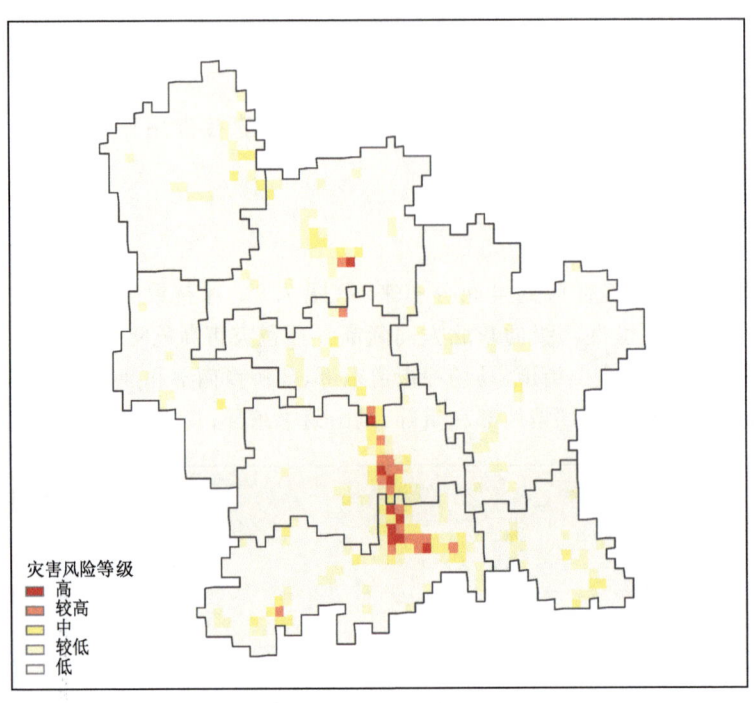

图 7.9　福泉市冰雹灾害 GDP 风险区划空间分布

7.5.2　人口风险评估

根据风险评估模型进行计算,再根据自然断点法,将冰雹灾害人口风险划分为高、较高、中、较低、低 5 个等级。从福泉市冰雹灾害人口风险区划空间分布来看(图 7.10),大部分地区主要处于低—中风险等级,较高—高风险等级主要分布在县级和乡级行政中心驻地周围。金山街道、马场坪街道、牛场镇、凤山镇、龙昌镇等县级和乡级行政中心附近为较高—高风险等级;其余大部分地区为低—中风险等级。

7.5.3　小麦风险评估

根据风险评估模型进行计算,再根据自然断点法,将冰雹灾害小麦风险划分为高、较高、中、较低、低 5 个等级。从福泉市冰雹灾害小麦风险区划空间分布来看(图 7.11),总体呈南部较高,其余地区低的分布趋势。马场坪街道、凤山镇、金山街道、陆坪镇、龙昌镇、仙桥乡局地为较高—高风险等级;其余大部地区为低—中风险等级。

7.5.4　玉米风险评估

根据风险评估模型进行计算,再根据自然断点法,将冰雹灾害玉米风险划分为高、较高、中、较低、低 5 个等级。从福泉市冰雹灾害玉米风险区划空间分布来看(图 7.12),总体呈西北

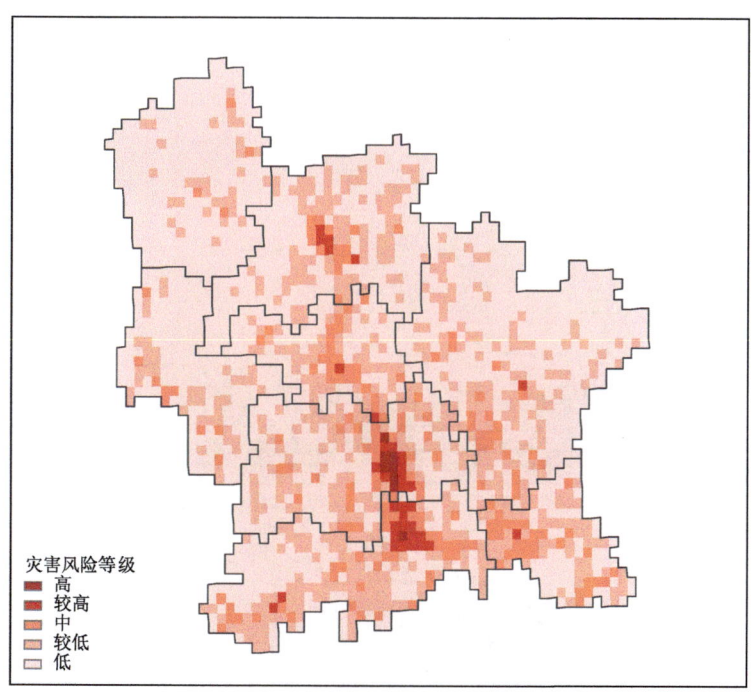

图 7.10　福泉市冰雹灾害人口风险区划空间分布

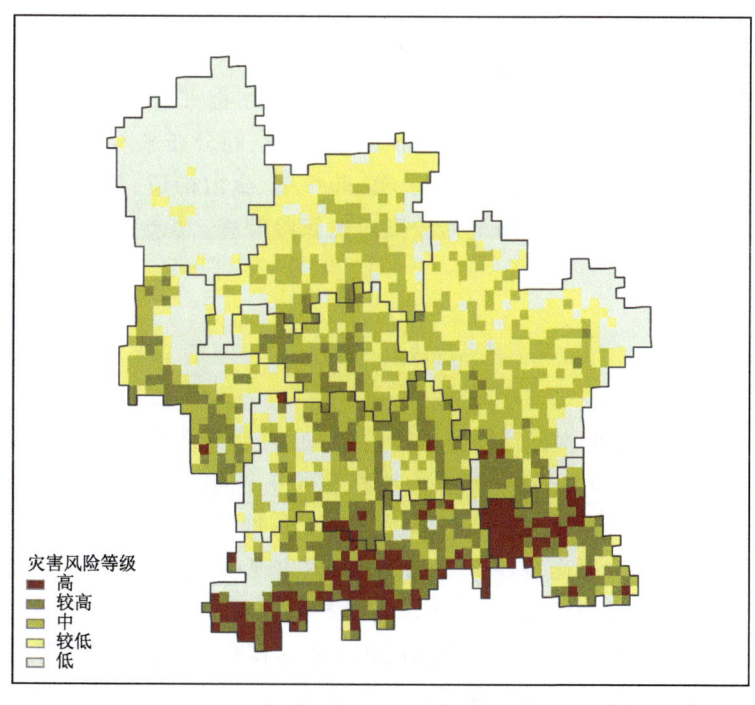

图 7.11　福泉市冰雹灾害小麦风险区划空间分布

部以及东部较低,其余地区较高的分布趋势。牛场镇、仙桥乡、马场坪街道、凤山镇、金山街道为较高—高风险等级;其余地区为低—中风险等级。

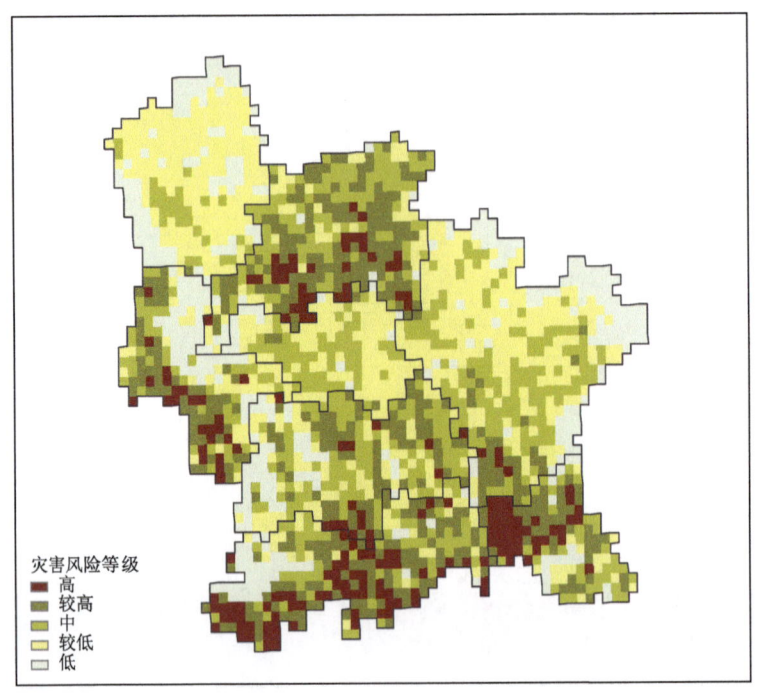

图 7.12　福泉市冰雹灾害玉米风险区划空间分布

7.5.5　水稻风险评估

根据风险评估模型进行计算,再根据自然断点法,将冰雹灾害水稻风险划分为高、较高、中、较低、低 5 个等级。从福泉市冰雹灾害水稻风险区划空间分布来看(图 7.13),总体呈中部及南部较高,其余地区较低的分布趋势。龙昌镇、陆坪镇、金山街道、马场坪街道、凤山镇等局地为高风险等级;牛场镇、仙桥乡等局地为较高—高风险等级;其余大部分地区为低—中风险等级。

7.6　总结

1978—2020 年,福泉市年冰雹日数呈增加趋势,近两年异常偏高。20 世纪 80 年代至 21 世纪 10 年代中期的年冰雹日数较少,年平均冰雹日数 0.78 d,最高值出现在 2020 年,达到 8 d。降雹主要集中在 2—5 月,占全年冰雹日数的 80.9%,峰值出现在 4 月,达到 13 d。降雹主要出现在 13—19 时,高峰时段出现在 16—18 时,峰值出现在 16 时,超过 5 d。可见,冰雹天气主要发生在傍晚。整体降雹持续时间在 15 min 以下,平均最大冰雹直径 20.2 mm。

福泉市冰雹致灾危险性等级总体由西南向东北逐步降低,每个危险性等级向东北方向隆起。冰雹灾害高危险性等级位于马场坪街道中西部;较高危险性等级位于金山街道、马场坪街道东部、仙桥乡南部和凤山镇西部地区;较低危险性等级位于仙桥乡、龙昌镇、陆坪镇西部和南部、凤山镇中东部;其余地区为低危险性等级。冰雹灾害 GDP 较高—高风险等级主要集中在福泉市中南部的金山街道、马场坪街道、牛场镇、龙昌镇;其余大部地区为低—中风险等级;人

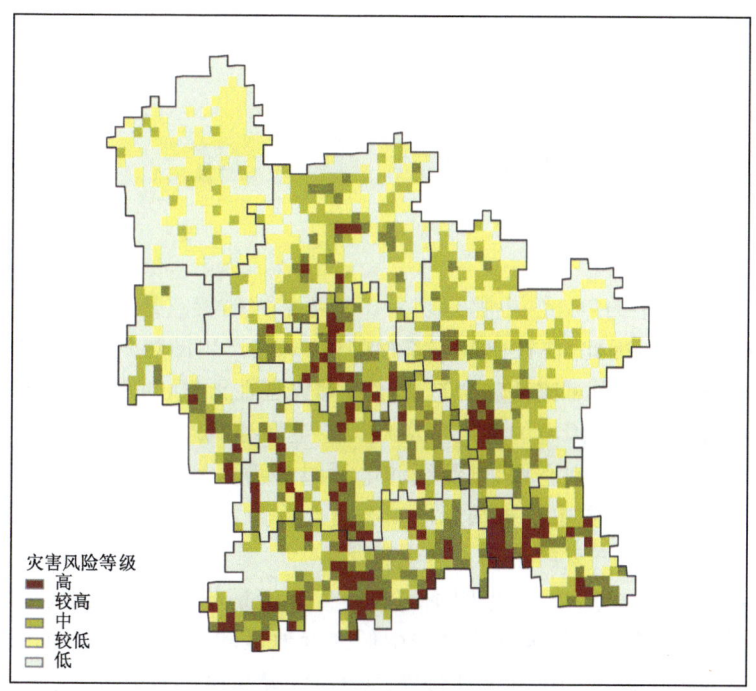

图 7.13 福泉市冰雹灾害水稻风险区划空间分布

口较高—高风险等级主要分布在金山街道、马场坪街道、牛场镇、凤山镇、龙昌镇等县级和乡镇行政中心附近;其余大部地区为低—中风险等级;小麦较高—高风险等级主要集中在马场坪街道、凤山镇、金山街道、陆坪镇、龙昌镇、仙桥乡局地;其余大部地区为低—中风险等级;玉米较高—高风险等级主要集中在牛场镇、仙桥乡、马场坪街道、凤山镇、金山街道,其余地区为低—中风险等级;水稻较高—高风险等级主要集中在龙昌镇、陆坪镇、金山街道、马场坪街道、凤山镇、牛场镇、仙桥乡;其余大部地区为低—中风险等级。

第 8 章 雷 电

雷电是发生在大气中的声、光、电物理现象。雷电最大的特点是作用时间短,瞬时功率强,瞬时雷电流可达 300 kA,因此,往往引起灾难性的破坏,它产生的热效应和机械效应会引起爆炸和森林火灾;带电云团的强对流活动会造成冰雹等灾害性天气;雷电流产生的高电压可能使电力及通信等电气设备损坏;闪电的静电感应使架空金属导线产生感应过电压,形成避雷针不能防护的感应雷,感应雷沿着架空线、电源线和电话线等潜入室内,危及电力通信设备、电视、电话和联网的计算机。雷电灾害已被国际电工委员会称为"电子时代的一大公害",成为"联合国国际减灾十年"公布的最严重的十种自然灾害之一。

贵州省的雷电灾害十分严重,一年四季均有发生。这是与全省的地理位置、地质条件、季节和气象因素密切相关的。贵州地处北半球中低纬度地区和云贵高原东侧,属亚热带季风湿润型气候,是典型的山区省份。正是这种特殊的地理位置和地形地貌,造成全省冷暖空气交汇活动频繁,天气气候复杂多变,导致强雷暴单体和雷暴群、中尺度对流复合体、飑线、暴雨云团、低空急流等强对流中小尺度天气系统时常出现,引发雷电天气。

8.1 数据准备与处理

本章使用的资料为福泉国家级地面气象站 1978—2013 年的雷暴日数据,贵州省 ADTD 雷电定位系统数据,时间为 2006—2020 年,数据来源为贵州省气象信息中心。

基础地理信息:包括县界、乡镇界。

有关名词定义如下:

雷击:地闪击的一次放电。

雷电灾害:因雷电对生命体、建(构)筑物、电气和电子系统等造成的损害。

雷电灾害风险:雷电灾害发生的可能性及其可能损失。

雷电灾害风险区划:根据雷电灾害风险指数大小,基于行政区域对雷电灾害风险进行空间单元的划分。

雷电灾害防御重点单位:遭受雷击后会造成巨大破坏、人身伤亡或重大社会影响的单位。

雷击点密度:行政区域内年平均单位面积雷击点个数[个/(km^2·a)]。

雷击大地年平均密度:单位面积内年均雷击发生次数,采用年平均雷暴日进行计算。

地闪密度:单位面积上年平均地闪次数。

雷击强度:单位面积内年平均地闪雷电流幅值强度。

8.2 技术方法

8.2.1 致灾因子选取

在雷电灾害中,决定致灾因子的因素主要包括时间、强度、频率、密度等,通过分析雷电参数特征及雷击事故发生机制,结合贵州省地面观测资料和闪电监测网资料,选取年平均雷击大地密度、地闪密度、地闪强度、强雷电流密度作为分析致灾因子危险性的指标。

8.2.2 致灾危险性评估技术方法

8.2.2.1 致灾危险性指数的确定

雷电致灾危险性指数评估指标包括年平均雷击大地密度、地闪密度、地闪强度、强雷电流密度,其中,年平均雷击大地密度选取区域台站年平均雷暴日数(T_d),采用$0.1T_d$计算后反距离加权插值(IDW)后生成。雷击点密度、强雷电流密度将区域划分为$30''\times30''$的网格,统计各网格内年平均雷击频次、雷电流强度$\geqslant100$ kA的雷击频次,形成栅格数据;雷击点强度将区域划分为$30''\times30''$的网格,统计各网格内年平均雷电流强度,形成栅格数据。

致灾危险性指数(RH)按照下式计算:

$$\mathrm{RH} = \sum_1^n (X_{Hi} \times H_i) \tag{8.1}$$

式中,RH 为致灾危险性指数;H_i 为致灾因子指标;X_{Hi} 为致灾因子指标对应的权重。

8.2.2.2 致灾危险性分区

基于雷电致灾危险性指数,按照自然断点法,将雷电致灾危险性划分为高(Ⅰ)、较高(Ⅱ)、较低(Ⅲ)、低(Ⅳ)4 个等级,按照行政区域绘制雷电危险性区划空间分布图。

8.2.3 风险评估技术方法

根据雷电灾害风险形成机制,认为致灾因子危险性、孕灾环境暴露度、承灾体易损性和防雷减灾能力 4 个主要因子综合作用构成雷电灾害风险。基于目标、准则、指标层建立的贵州雷电灾害风险区划结构体系评价模型如图 8.1 所示:

雷电灾害风险计算与区划流程见图 8.2,其中,虚线框内指标为可选项。

8.2.3.1 孕灾暴露度指数

雷电孕灾暴露度指数评估指标包括土壤导电率、DEM、坡度分布,其中,土壤导电率数据采用土壤数据库(HWSD)中地下 0.5 m 的导电率数据,重采样生成$30''$栅格数据;海拔高度采用 DEM 生成,坡度分布指标在 DEM 数据基础上进行坡度分析生成。

孕灾环境暴露度指数(RE)按照下式计算。

$$\mathrm{RE} = \sum_1^n (X_{Ei} \times E_i) \tag{8.2}$$

式中,RE 为孕灾暴露度指数;E_i 为孕灾环境因子指标;X_{Ei} 为孕灾环境因子对应的权重。

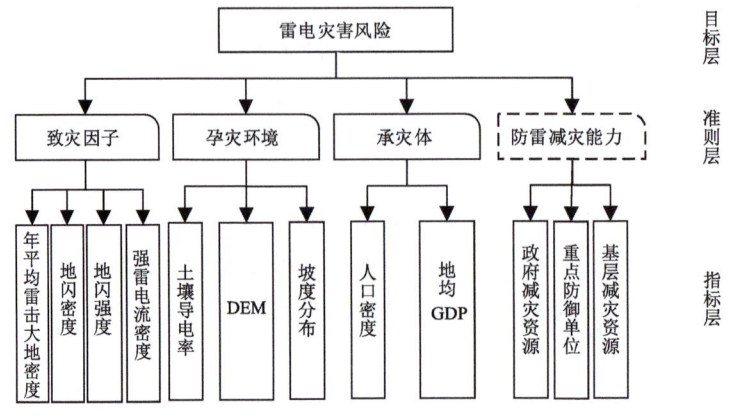

图8.1 雷电灾害风险区划结构体系评价模型

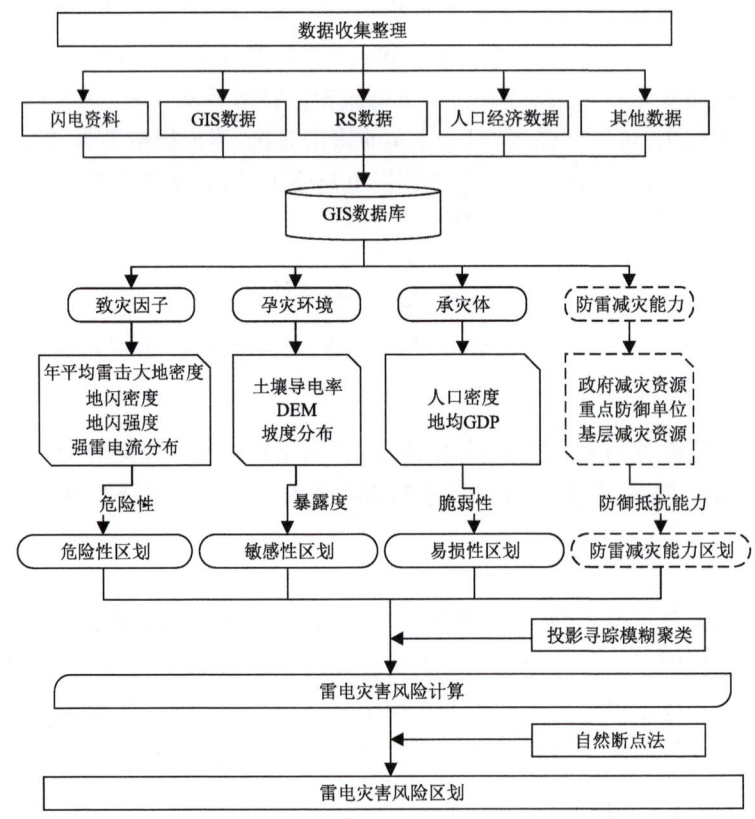

图8.2 雷电灾害风险计算和区划流程

8.2.3.2 承灾体脆弱性指数

雷电承灾体脆弱性包括造成人口伤亡、经济财产损失两个方面。

雷电造成人口伤亡损失风险按照下式计算。

$$P\_LDRI = a \times \sum_{1}^{i}(X_{Hi} \times H_i) + b \times \sum_{1}^{j}(X_{Ej} \times E_j) + c \times S_p \tag{8.3}$$

式中，P_LDRI 为雷击人口伤亡风险；H_i、E_j 分别为致灾因子（RH）、孕灾环境（RE）的第 i、j 个指标；X_{Hi}、X_{Ej} 为对应的指标权重；a、b 分别为 RH、RE 对应的指标权重；S_p 为人口分布，c 为对应的指标权重。

雷电造成经济财产损失风险按照下式计算。

$$E\_LDRI = a \times \sum_1^i (X_{Hi} \times H_i) + b \times \sum_1^j (X_{Ej} \times E_j) + c \times S_e \qquad (8.4)$$

式中，E_LDRI 为雷击经济损失风险；H_i、E_j 分别为致灾因子（RH）、孕灾环境（RE）的第 i、j 个指标，X_{Hi}、X_{Ej} 为对应的指标权重；a、b 分别为 RH、RE 对应的指标权重；S_e 为 GDP 分布，c 为对应的指标权重。

8.2.3.3 雷电灾害风险分区

雷电灾害风险指数计算按照下式进行计算。

$$LDRI = \sum_1^4 (X_i \times R_i) \qquad (8.5)$$

式中，LDRI 为雷电灾害风险指数；R_i 为致灾因子危险性指数、孕灾环境暴露度指数、承灾体脆弱性指数、防雷减灾能力；X_i 为致灾因子危险性指数、孕灾环境暴露度指数、承灾体脆弱性指数、防雷减灾能力对应的权重。

如无防灾减灾能力资料，可只对致灾因子、孕灾环境和承灾体进行计算，得到风险评估结果。依据风险评估结果，结合行政单元，采用自然断点法，对风险评估结果进行空间划分，将雷电灾害风险划分为高（Ⅰ）、较高（Ⅱ）、中（Ⅲ）、较低（Ⅳ）、低（Ⅴ）5 个等级。

8.3 致灾因子特征分析

8.3.1 年平均雷击大地密度

采用 1978—2013 年地面观测资料中的雷暴日数进行分析（图 8.3），福泉市雷电主要发生在 5—9 月，平均雷暴日数为 46 d，属多雷暴区。月平均雷暴日数不到 4 d，其中，最大值出现在 2000 年，为 59 d，最小值出现在 2011 年，为 28 d。福泉市雷暴日的年际变化较大，介于 28～59 d，其中，超过 40 d（高雷区）的年份有 28 a。从年均雷击大地密度危险性区划空间分布来看（图 8.4），高危险性区域主要分布在西北部。

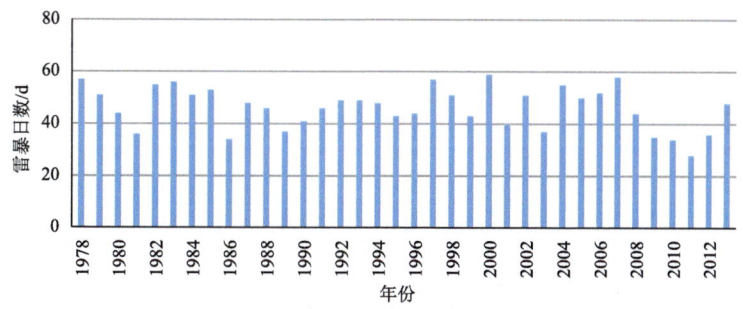

图 8.3 福泉市 1978—2013 年平均雷暴日数变化

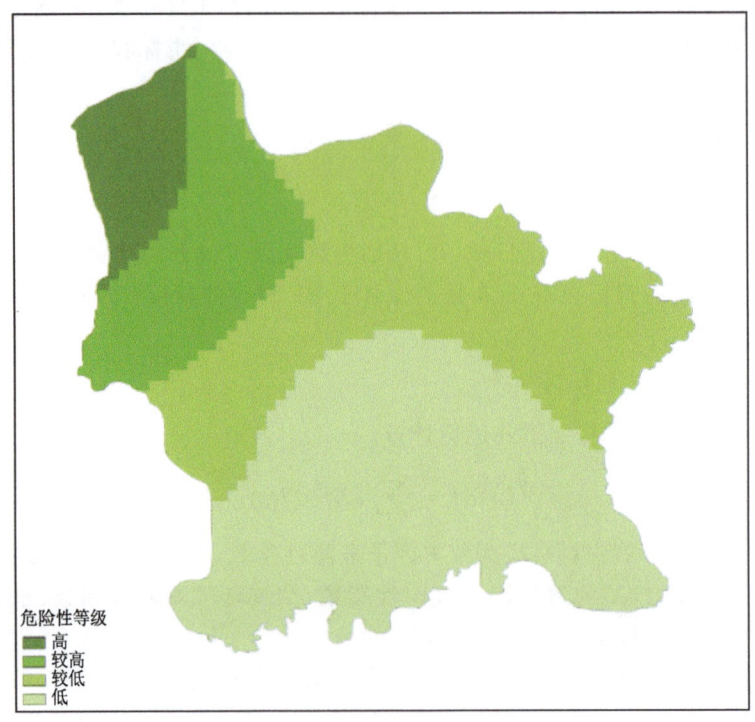

图 8.4 福泉市年平均雷击大地密度危险性区划空间分布

8.3.2 地闪密度

收集贵州省 2006—2020 年的 ADTD 雷电定位系统数据,按发生区域提取发生在福泉市的闪电,主要提取发生时间、雷击点经纬度、雷电流强度等参数,通过初步质量控制(剔除雷电流幅值 0~2 kA 和 200 kA 以上记录)。福泉市年平均雷击点次数为 1792 次,其中,最大值出现在 2008 年,为 9655 次,最小值出现在 2012 年,为 1174 次(图 8.5);按时刻分布(图 8.6),峰值时刻为 15 时至次日 01 时;一天中闪电频次最低时刻主要集中在 07—12 时。福泉市闪电按月分布(图 8.7),闪电主要集中在 3—9 月,从 10 月开始闪电数量急剧减少,全年闪电次数最

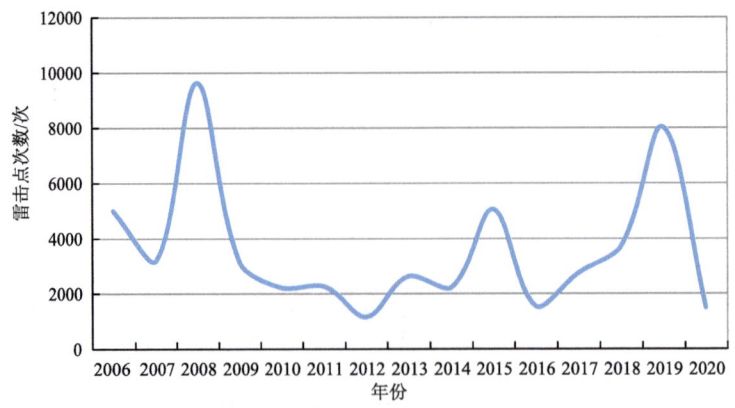

图 8.5 福泉市 2006—2020 年雷击点次数变化

低为 1—2 月和 10—12 月。以 30″×30″ 网格为单位绘制地闪密度危险性区划空间分布(图 8.8),高危险性区域零星分布在福泉市北部和南部区域。

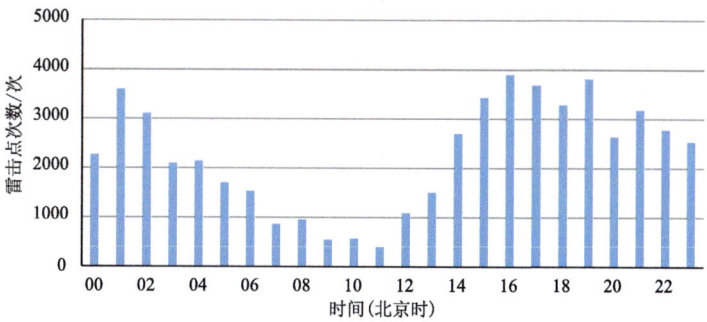

图 8.6　福泉市雷击点次数时刻变化

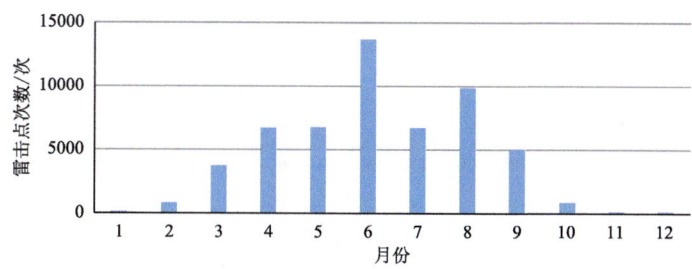

图 8.7　福泉市月平均雷击点次数变化

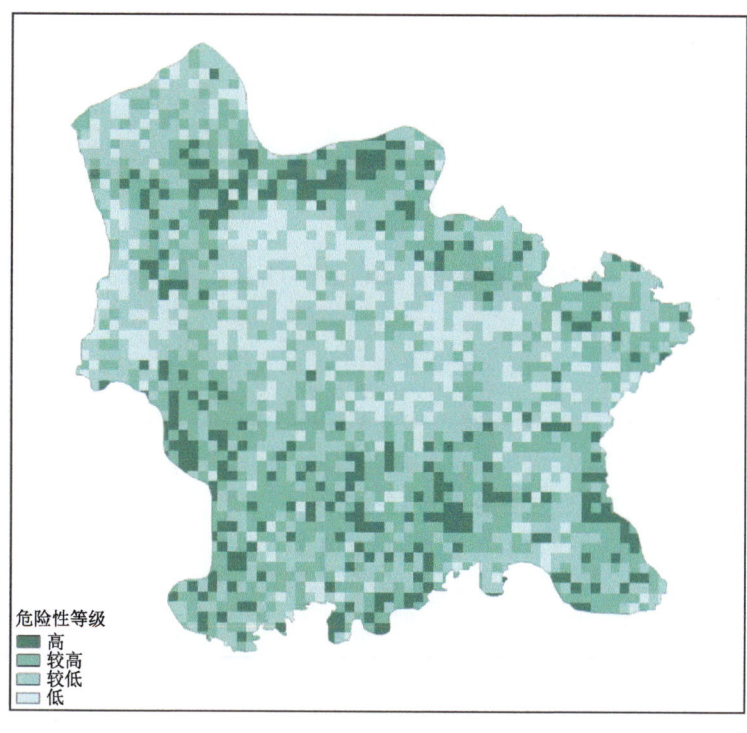

图 8.8　福泉市地闪密度危险性区划空间分布

8.3.3 地闪强度

福泉市平均雷击强度为 41.8 kA,其中,最大平均值出现在 2016 年(86.7 kA),最小平均值出现在 2006 年(18.8 kA)(图 8.9),从正、负闪电强度月分布,图中可以看出(图 8.10),正闪平均强度全年平均较强于负闪平均强度。以 30″×30″网格为单位统计地闪强度(图 8.11),较高—高危险性区域主要分布在福泉市的西北—东南一线的局部区域。

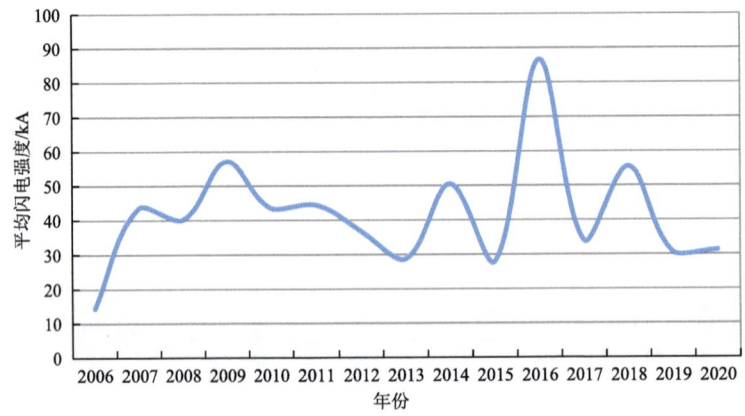

图 8.9　福泉市 2006—2020 年平均雷击强度变化

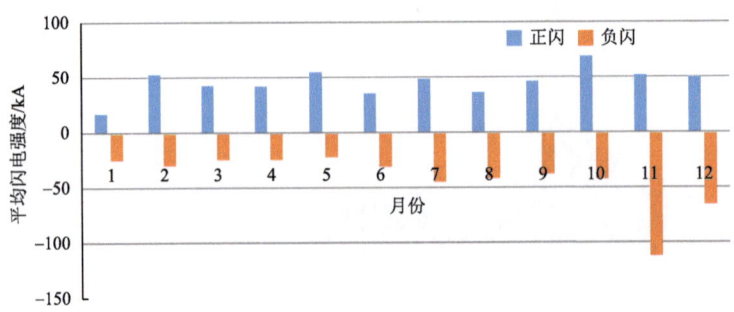

图 8.10　福泉市正、负闪电平均强度月分布

8.3.4 强雷电流密度

福泉市雷击强度介于 0～20 kA、20～50 kA、50～100 kA 和 100 kA 以上的概率分别是 21.40%、58.49%、13.87% 和 6.24%(表 8.1)。以 30″×30″网格为单位统计强雷电流密度(图 8.12),较高—高危险性区域零星分布在福泉市各个区域。

表 8.1　福泉市雷击强度(I)等级

强度/kA	$0 < I < 20$	$20 \leqslant I < 50$	$50 \leqslant I < 100$	$100 \leqslant I$
概率	21.40%	58.49%	13.87%	6.24%

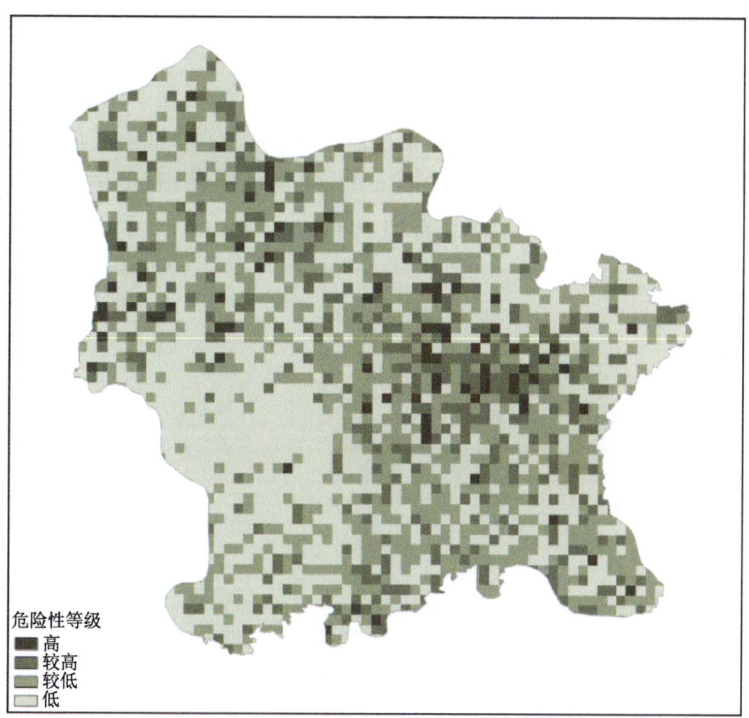

图 8.11　福泉市地闪强度危险性区划空间分布

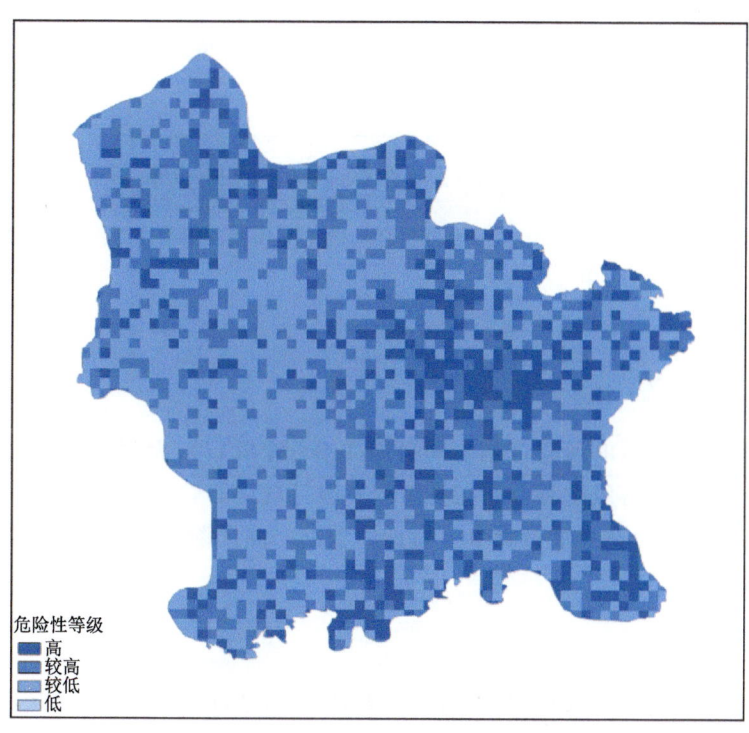

图 8.12　福泉市强雷电流密度危险性区划空间分布

8.4 致灾危险性评估与区划

从福泉市雷电致灾危险性区划空间分布来看(图8.13),大部分区域属于较高危险性等级。高危险性等级在凤山镇的中部、龙昌镇西北部、牛场镇中部,较低危险性等级在仙桥乡北部、陆坪镇东北部,龙昌镇东北部和福泉市西南区域。

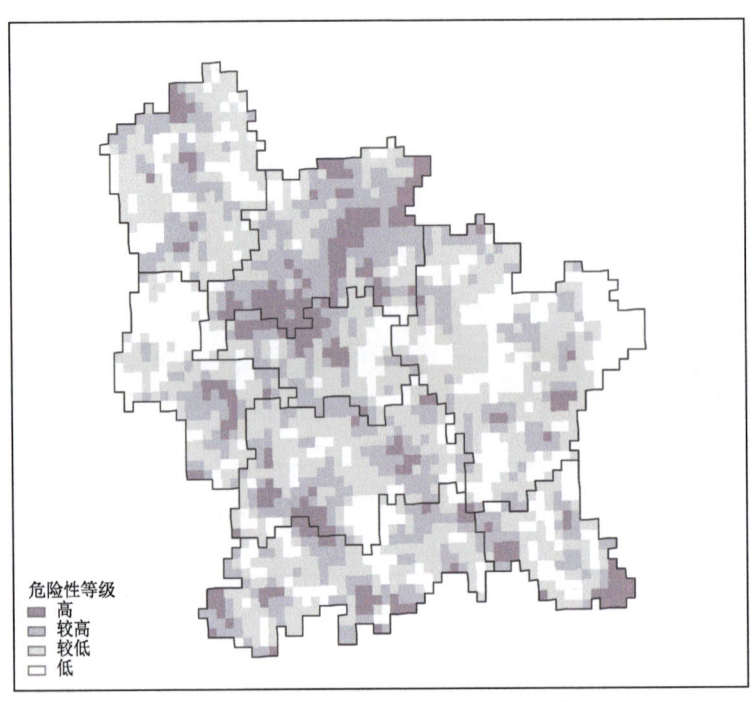

图8.13 福泉市雷电致灾危险性区划空间分布

8.5 风险评估与区划

8.5.1 GDP风险评估

从福泉市雷电灾害GDP风险区划空间分布来看(图8.14),大部分地区主要处于低—中风险等级,较高—高风险等级主要分布在县级和乡级行政中心驻地周围。金山街道、马场坪街道、龙昌镇、牛场镇等县级和乡级行政中心附近为较高—高风险等级;其余大部分地区为低—中风险等级。

8.5.2 人口风险评估

从福泉市雷电灾害人口风险区划空间分布来看(图8.15),大部分地区主要处于低—中风险等级,较高—高风险等级分布不均。金山街道、马场坪街道、牛场镇、道坪镇等县级和乡级行政中心附近均存在较高—高风险等级;其余部分地区为低—中风险等级。

第 8 章 雷 电

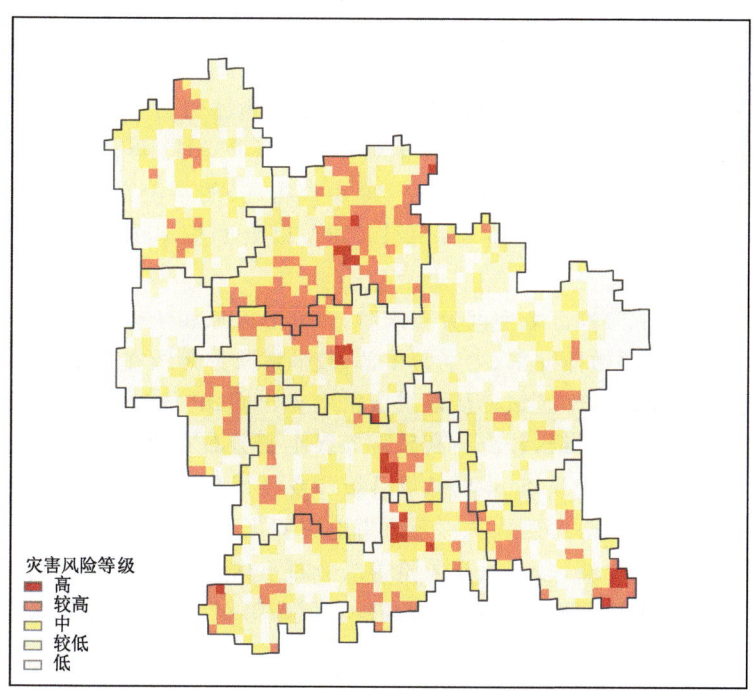

图 8.14 福泉市雷电灾害 GDP 风险区划空间分布

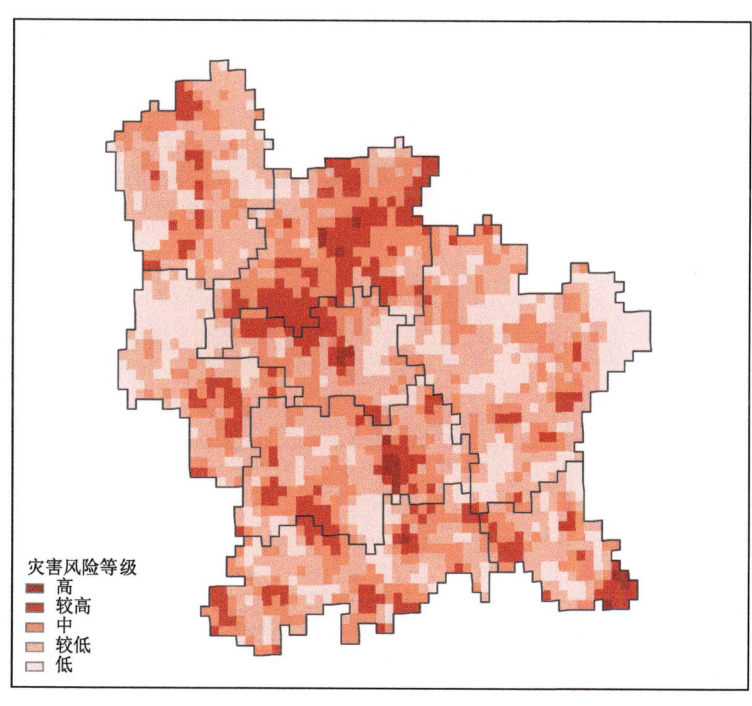

图 8.15 福泉市雷电灾害人口风险区划空间分布

8.6 总结

福泉市年平均雷暴日数为 46 d,属多雷暴区,月平均雷暴日数不到 4 d,雷电主要发生在 5—9 月,其中,最大值出现在 2000 年,为 59 d,最小值出现在 2011 年,为 28 d。福泉市雷暴日数的年际变化较大,介于 28~59 d,其中,超过 40 d(高雷区)的年份有 28 a。福泉市雷击强度介于 0~20 kA、20~50 kA、50~100 kA 和 100 kA 以上的概率分别是 21.40%、58.49%、13.87% 和 6.24%。

从福泉市雷电致灾危险性区划空间分布来看,大部分区域属于较高危险性等级,高危险性等级在凤山镇的中部、龙昌镇西北部、牛场镇中部,较低危险性等级在仙桥乡北部、陆坪镇东北部,龙昌镇东北部和福泉市西南区域。从福泉市雷电灾害 GDP 风险区划空间分布来看,大部分地区主要处于低—中风险等级,较高—高风险等级主要分布在县级和乡级行政中心驻地周围。金山街道、马场坪街道、龙昌镇、牛场镇等县级和乡级行政中心附近为较高—高风险等级;其余大部分地区为低—中风险等级。从福泉市雷电灾害人口风险区划空间分布来看,大部分地区主要处于低—中风险等级,较高—高风险等级分布不均。金山街道、马场坪街道、牛场镇、道坪镇等县级和乡级行政中心附近均存在较高—高风险等级;其余大部分地区为低—中风险等级。

第 9 章 雪 灾

贵州降雪是出现在冬季的天气现象,因气温较低对农作物和家畜的安全越冬造成一定危害,当降雪量较大或者地面积雪过多,会影响到交通运输,造成交通阻塞或发生交通事故。雪灾的调查和评估是灾害应对管理的一项基础性工作,对科学准确地制定防灾救灾措施,及时组织开展雪灾风险防控、应急救助、灾后恢复重建等决策起到重要的支撑作用。

9.1 数据准备与处理

本章使用的资料为福泉国家级地面气象站观测数据,气象要素主要包括1978—2020年逐日降水量(20—20时)、积雪深度以及降雪日数等资料;数据来源于贵州省气象信息中心。

基础地理信息:包括县界、乡镇街道行政中心。

有关名词定义如下:

雪灾:指因降雪形成大范围积雪,严重影响人畜生存,以及因降大雪造成交通中断,毁坏通信、输电等设施的灾害。

降雪量:某一时段内的未蒸发、渗透、流失的降雪,经融化后在平面上累积的深度。以毫米(mm)为单位,取1位小数。

积雪深度:在雪尚未融化时,一定时间内积雪面到地面的垂直深度。以厘米(cm)为单位。

暴雪:某一气象观测站点 24 h 内降水量≥10 mm 的降雪为暴雪。

9.2 技术方法

9.2.1 致灾因子选取

选取年累积降雪量、最大积雪深度以及暴雪日数为雪灾致灾因子指标,对福泉市雪灾致灾因子危险性进行评估。结合贵州降雪常出现雨雪混合的天气现象,降雪量的统计考虑了雨夹雪的情况,即根据逐日降水量和降雪天气现象数据中提取出逐日降雪资料,当某日有降雪天气现象,则当日降水量视同为降雪量。

9.2.2 致灾危险性评估技术方法

9.2.2.1 致灾危险性评估

利用信息熵赋权法获取各危险性因子权重后,建立综合雪灾危险性指数。雪灾致灾因子危险性计算公式如下:

$$S = A_1 S_1 + A_2 S_2 + A_3 S_3 \tag{9.1}$$

式中，S 为雪灾致灾因子危险性指数；S_1、S_2、S_3 分别为归一化处理的降雪量、最大积雪深度、暴雪日数评估指标；A_1、A_2、A_3 分别为致灾因子危险性各评估指标对应的权重系数。

9.2.2.2 致灾危险性分区

基于雪灾致灾危险性指数，根据标准差法，将雪灾致灾危险性划分为高（Ⅰ）、较高（Ⅱ）、较低（Ⅲ）、低（Ⅳ）4个等级，按照行政区域绘制福泉市雪灾致灾危险性区划空间分布图。

9.2.3 风险评估技术方法

致灾因子的危险性仅反映了雪灾可能产生的危害大小，而实际造成危害的程度还与承灾体特征有关。

9.2.3.1 主要承灾体暴露度和脆弱性

承灾体主要包括人口、GDP、农业（小麦），评估内容包括承灾体暴露度和脆弱性，分类如表9.1所示。

表 9.1 承灾体暴露度和脆弱性因子

承灾体	暴露度因子（E）	脆弱性因子（V）	脆弱性因子权重（W）
人口	人口密度	0～14岁及65岁以上人口数比重	人口受灾率
GDP	地均GDP	第一产业产值比重	直接经济损失率
农业（小麦）	播种面积占耕地面积比重	单位面积产量	农作物受灾率

统计脆弱性因子指标时，在雪灾灾情等资料较为完善，并可获取的前提下可考虑脆弱性因子权重；如灾情数据无法获取，则只考虑承灾体暴露度。

统计时，针对不同承灾体，不同市、县、区分别拥有一个脆弱性因子权重，以市、县、区级为单元统计受灾率，针对同一受灾率进行归一化处理（各市、县、区值除以市、县、区间最大值），其中：

人口受灾率：年受灾人数/行政区人口数。

农作物受灾率：年受灾面积/行政区面积。

最终，针对不同承灾体，统计单元内的承灾体指标（B）计算公式为：

$$B = E \times (V \times W) \tag{9.2}$$

式中，E 为暴露度；V 为脆弱性；W 为脆弱性权重。

9.2.3.2 雪灾风险评估

根据统计单元内致灾因子危险性指标（H）、承灾体指标（B），统计针对各承灾体的危险性指标（R），计算公式如下：

$$R = H \times B \tag{9.3}$$

9.2.3.3 雪灾风险分区

依据风险评估结果，结合行政单元，采用自然断点法，将雪灾风险等级划分为高（Ⅰ）、较高（Ⅱ）、中（Ⅲ）、较低（Ⅳ）、低（Ⅴ）5个等级。

9.3 致灾因子特征分析

9.3.1 累积降雪量

以日降雪量≥10 mm统计雪灾过程,当年7月1日至次年6月30日为一个年度统计时段,对1978—2020年福泉市年累积降雪量、降雪日数以及最大积雪深度进行统计分析。图9.1为福泉市年累积降雪量逐年变化及其趋势,从图中可见,福泉市日降雪量≥10 mm过程降雪量逐年减少,减少速率为0.11 mm/10a,其中,1982年、1978年和2020年≥10 mm过程的累积降雪量较多,分别达到50.7 mm、38.6 mm和33.5 mm。

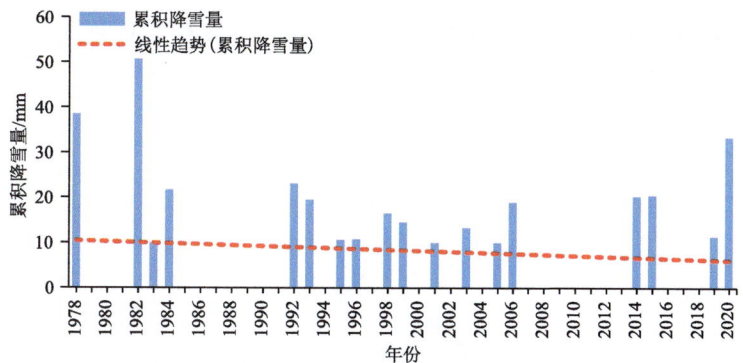

图9.1 福泉市1978—2020年年累积降雪量变化及其趋势

图9.2为福泉市1978—2020年日降雪量≥10 mm过程中累积降雪量逐月变化。从图中可见,降雪出现在11月至次年3月,最多为2月,降雪量达22.2 mm,1月和3月分别为19.6 mm和18.9 mm。

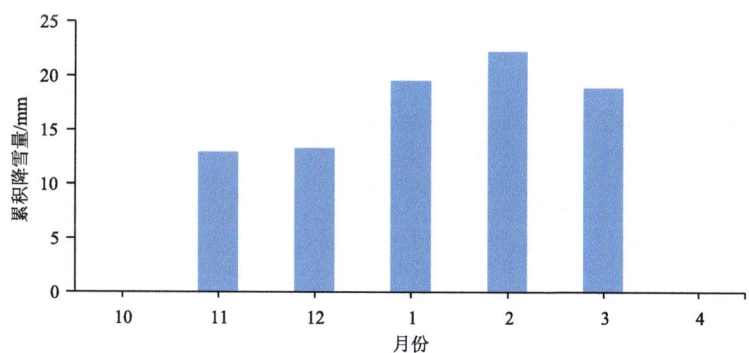

图9.2 福泉市1978—2020年累积降雪量逐月变化

9.3.2 降雪日数

图9.3为福泉市1978—2020年日降雪量≥10 mm过程降雪日数变化。从图中可见,降雪日数多在1 d及以下,其中,最多为2 d,分别出现在1982年和1992年。

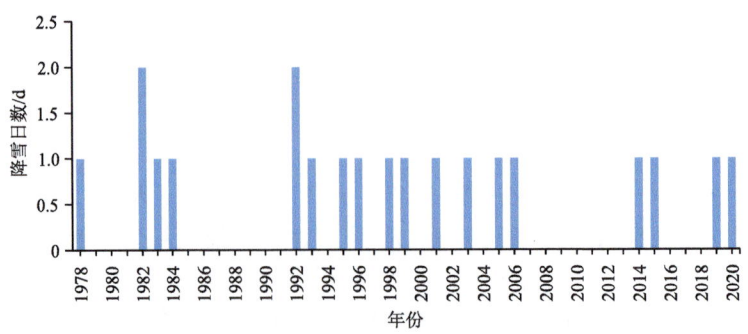

图 9.3 福泉市 1978—2020 年年降雪日数变化

图 9.4 为福泉市 1978—2020 年日降雪量≥10 mm 过程降雪日数逐月变化。从图中可见,≥10 mm 降雪主要出现在 11 月至次年 3 月,1 月最多,共出现 9 d,其次为 12 月的 5 d,2 月有 3 d。

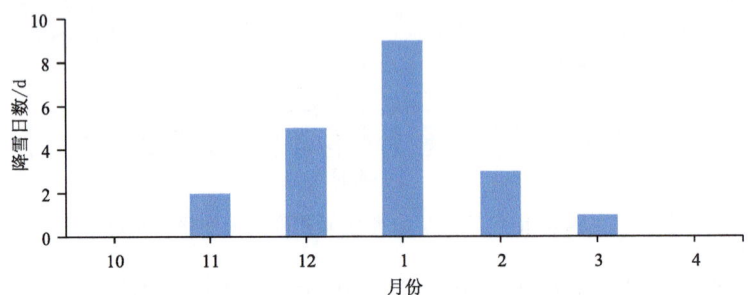

图 9.4 福泉市 1978—2020 年降雪日数逐月变化

9.3.3 最大积雪深度

图 9.5 为福泉市 1978—2020 年日降雪量≥10 mm 过程年最大积雪深度变化。从图中可见,福泉市有 12 年出现了积雪,最大积雪深度出现在 1982 年,为 25 cm。

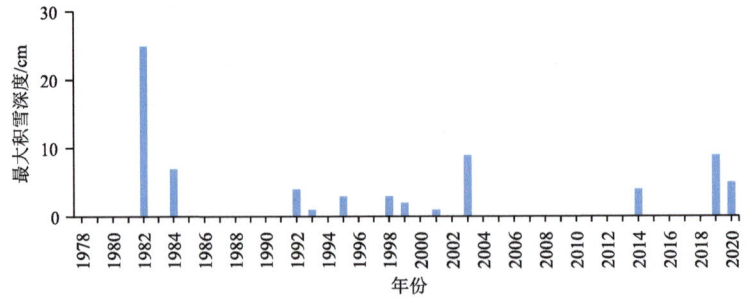

图 9.5 福泉市 1978—2020 年年最大积雪深度变化

图 9.6 为福泉市 1978—2020 年日降雪量≥10 mm 过程最大积雪深度逐月变化。从图中

可见,≥10 mm 过程积雪主要出现在 12 月至次年 2 月,其中,2 月最大,平均最大积雪深度为 9.7 cm,12 月次之,为 5.2 cm,1 月最少,为 2 cm。

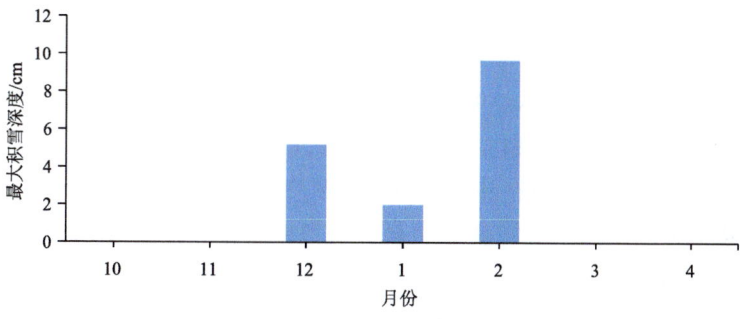

图 9.6　福泉市 1978—2020 年最大积雪深度逐月变化

9.4　致灾危险性评估与区划

从福泉市雪灾致灾危险性区划空间分布来看(图 9.7),雪灾危险性较高区域主要在东南部,西北部危险性相对较低。金山街道、马场坪街道、凤山镇、牛场镇等县级和乡级行政中心附近为较高—高危险性等级;其余大部分地区为低—较低危险性等级。

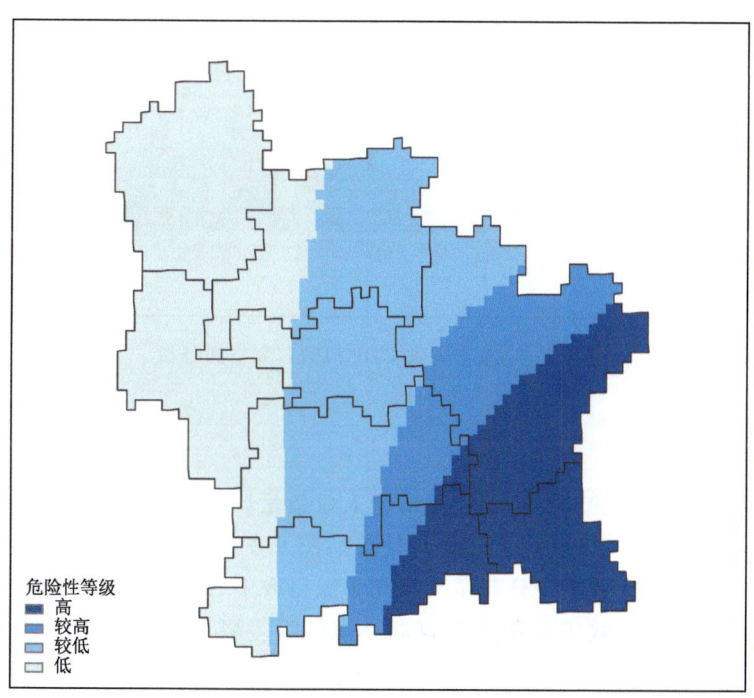

图 9.7　福泉市雪灾致灾危险性区划空间分布

9.5 风险评估与区划

9.5.1 GDP风险评估

由于收集到的相关灾损资料不完整,仅结合GDP归一化值与雪灾危险性指数进行等权指数求积。福泉市雪灾GDP风险区划空间分布如图9.8所示,大部分地区主要处于低—中风险等级,较高—高风险等级主要分布在县级和乡级行政中心驻地周围地区。金山街道、马场坪街道、牛场镇等县级和乡级行政中心附近为较高—高风险等级;其余大部分地区为低—中风险等级。

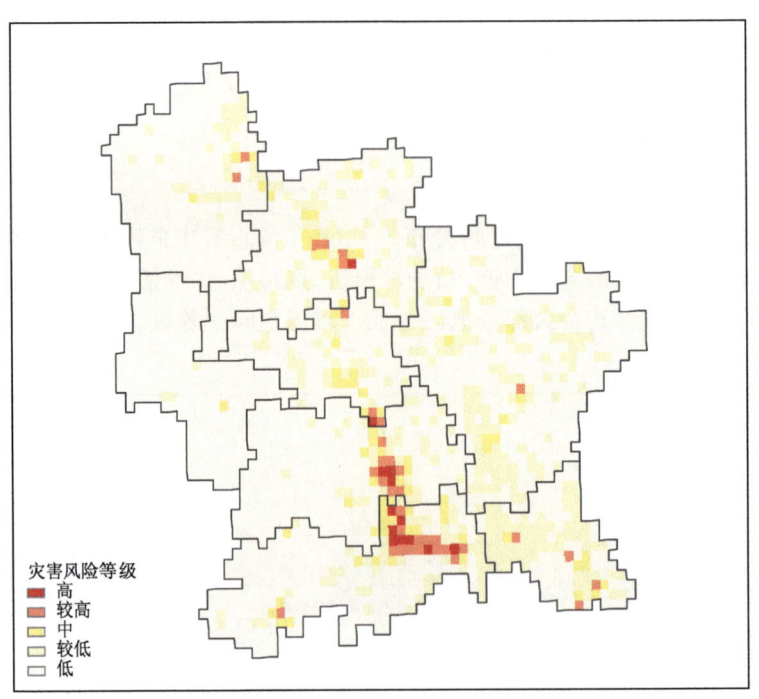

图9.8 福泉市雪灾GDP风险区划空间分布

9.5.2 人口风险评估

由于收集到的相关灾损资料不完整,仅结合人口数量归一化值与雪灾危险性指数进行等权指数求积。福泉市雪灾人口风险区划空间分布如图9.9所示,大部分地区主要处于低—中风险等级,较高—高风险等级主要分布在县级和乡级行政中心驻地周围。金山街道、马场坪街道、牛场镇等县级和乡级行政中心附近为较高—高风险等级;其余大部分地区为低—中风险等级。

9.5.3 小麦风险评估

雪灾对三大作物的危害主要是对小麦的影响,福泉市雪灾小麦风险区划空间分布如

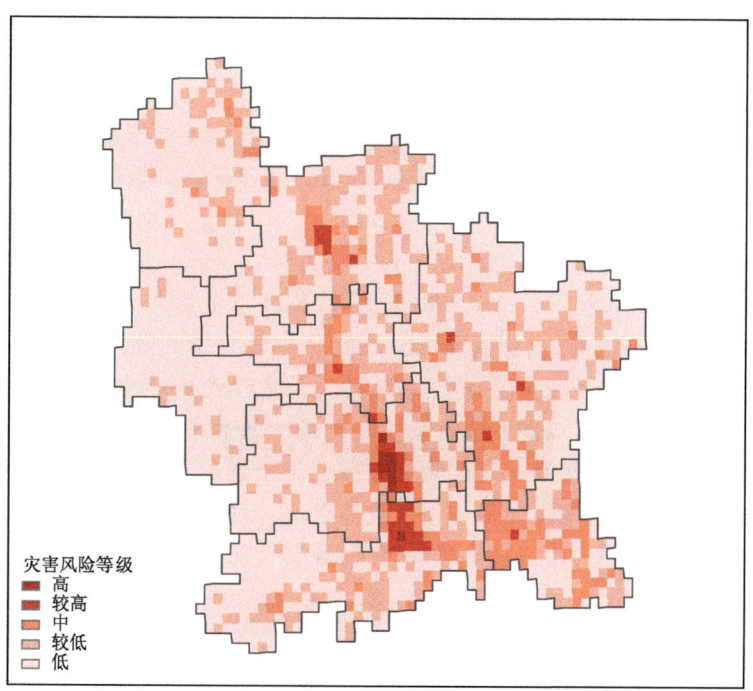

图 9.9 福泉市雪灾人口风险区划空间分布

图 9.10 所示,总体呈东南较高,其余地区低的分布趋势。凤山镇周围地区为较高—高风险等级;陆坪镇、马场坪街道局地为中—较高风险等级;其余大部分地区为低—较低风险等级。

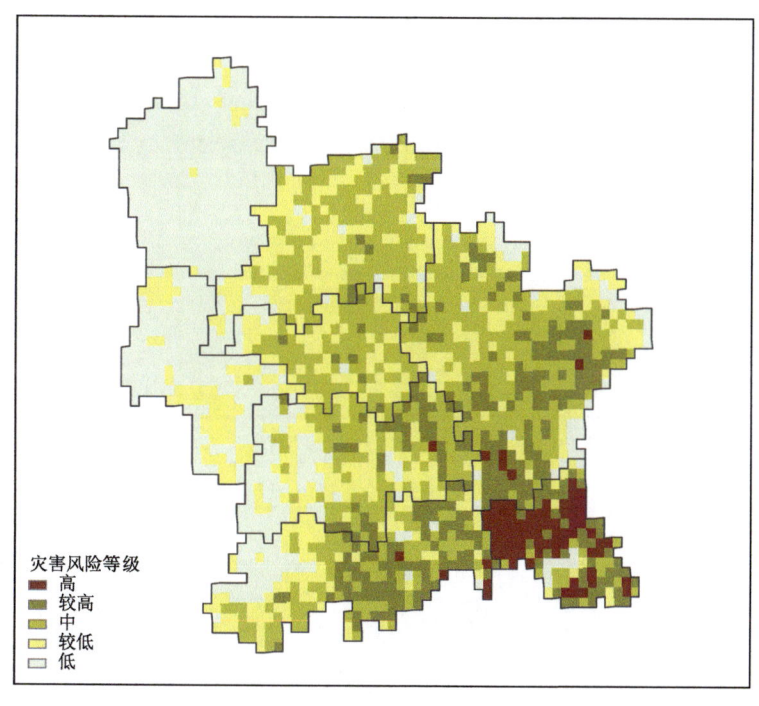

图 9.10 福泉市雪灾小麦风险区划空间分布

9.6 总结

以日降雪量≥10 mm 统计雪灾过程,对 1978—2020 年福泉市年累积降雪量、降雪日数以及积雪深度进行统计分析。福泉市日降雪量≥10 mm 过程降雪量呈逐年减少趋势,减少速率为 0.11 mm/10a,其中,1982 年、1978 年和 2020 年累积降雪量分别为 50.7 mm、38.6 mm 和 33.5 mm。降雪量在 2 月达到最多,为 22.2 mm;降雪量≥10 mm 过程降雪日数多在 1 d 及以下,其中,1982 年和 1992 年为 2 d,以 1 月出现最多;日降雪量≥10 mm 过程最大积雪深度为 1982 年(25 cm),主要出现在 12 月至次年 2 月,2 月积雪深度达到最大。

福泉市雪灾危险性较高区域主要在东南部,西北部危险性相对较低。雪灾 GDP 风险金山街道、马场坪街道、牛场镇等县级和乡级行政中心附近为较高—高风险等级,其余大部分地区为低—中风险等级;人口风险较高—高风险等级在金山街道、马场坪街道、牛场镇等县级和乡级行政中心附近;其余大部分地区为低—中风险等级;小麦风险较高—高风险等级在凤山镇周围,陆坪镇、马场坪街道局地为中—较高风险等级,其余大部分地区为低—较低风险等级。

第 10 章　综合评估与区划及对策建议

10.1　综合致灾危险性评估与区划

根据福泉市暴雨、干旱、高温、低温、大风、冰雹、雷电、雪灾 8 种气象灾害部分经济损失的占比,结合专家打分法,得到暴雨、干旱、高温、低温、大风、冰雹、雷电、雪灾 8 种气象灾害的权重值,进行加权求和后得到福泉市气象灾害综合致灾危险性指数,根据危险性指数大小,按照自然断点法,将致灾危险性划分为高(Ⅰ)、较高(Ⅱ)、较低(Ⅲ)、低(Ⅳ)4 个等级。

从福泉市气象灾害综合致灾危险性区划空间分布来看(图 10.1),危险性等级总体呈东部高,西部低的分布趋势,高危险性等级主要分布在东南部,低危险性等级主要分布在西部局地,其余地区主要为较低—较高危险性等级。陆坪镇、凤山镇、金山街道局部属于较高—高危险性等级,其余地区属于低—较低危险性等级。

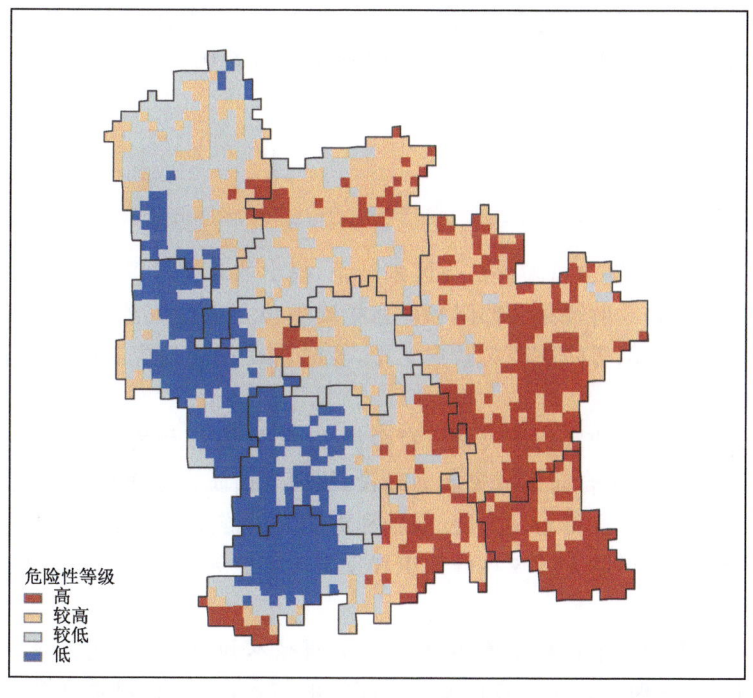

图 10.1　福泉市气象灾害综合致灾危险性区划空间分布

10.2 气象灾害风险评估与区划

福泉市气象灾害 GDP 风险区划结果表明,暴雨、干旱、高温、低温、大风、冰雹、雷电和雪灾灾害风险等级在县级和乡级行政中心驻地周围为较高—高等级,其余大部分区域为低—中等级。

福泉市气象灾害人口风险区划结果表明,暴雨、干旱、高温、低温、大风、冰雹、雷电和雪灾灾害风险等级在县级和乡级行政中心驻地周围为较高—高等级,其余大部分区域为低—中等级。

福泉市气象灾害小麦风险区划结果表明,干旱、雪灾灾害较高—高风险等级集中分布在东南部,其余大部分区域为低—中等级;低温灾害较高—高风险等级集中分布在牛场镇、龙昌镇、仙桥乡等地区,其余大部分区域为低—中等级;冰雹灾害较高—高风险等级集中分布在南部,其余大部分区域为低—中等级。

福泉市气象灾害玉米风险区划结果表明,暴雨、干旱灾害较高—高风险等级集中分布在东南部和北部,其余大部分区域为低—中等级;高温、低温、大风灾害较高—高风险等级集中分布在西北部,其余大部分区域为低—中等级;冰雹灾害低—中风险等级集中在西北部和东部,其余大部分区域为较高—高等级。

福泉市气象灾害水稻风险区划结果表明,暴雨灾害较高—高风险等级集中分布在东南部,其余大部分区域为低—中等级;干旱灾害较高—高风险等级集中分布在中北部和东南部局地,其余大部分区域为低—中等级;高温、低温、大风灾害集中分布在北部和中部局地,其余大部分区域为低—中等级;冰雹灾害较高—高风险等级集中分布在中部和南部,其余大部分区域为低—中等级。

10.3 对策建议

针对福泉市气象灾害综合风险评估与区划结果,提出的对策建议如下:

(1)福泉市各级党委政府及相关部门和应急抢险单位要关注气象部门发布的灾害性天气预报预警信息,提前安排部署防灾减灾救灾工作,及时启动相应的应急响应处置流程,减轻灾害可能造成的损失。

(2)加强全市中高风险地区的防灾减灾资金投入、物资储备及其他资源配置,强化政府主导、部门联动、社会参与的综合防灾减灾能力建设,提高全市防灾减灾应对处置能力。

(3)加强综合防灾减灾宣传培训力度,鼓励和组织人民群众积极参与防灾减灾应急演练活动,多渠道向社会公众提供防灾减灾科普知识和发布灾害性天气预警信息,增强公众主动防灾减灾和自救互救意识。

(4)加强应急指挥调度平台和系统建设,利用先进技术和设备跟踪监测灾害的发生发展和演变趋势,及时收集、整理和共享来自相关涉灾部门的信息,通过研判对可能发生的灾害进行防范,当出现灾情时,第一时间组织开展抢险救灾应急处置,以减轻损失。

(5)针对暴雨灾害,相关部门和单位按照职责做好防御暴雨的应急工作,提前采取措施对地下商城、车库、通道等地下设施场所、低洼地段、室外供电设施进行管控;加强对地质灾害隐患点、河道、低洼地带、公路边坡、水库、农田等的巡查,遇有险情发生及时处置。

(6)针对干旱灾害,相关部门和单位按照职责做好防御干旱的应急工作,适时启用应急备用水源,调度全省辖区内一切可用水源,优先保障城乡居民生活用水和牲畜饮水;旱情加重时,合理调度城镇居民生活用水,阶段性暂停农田灌溉供水;出现特旱时,严禁非生产性高耗水行业和服务业用水,倡导节约用水,及时组织抗旱和开展人工增雨作业。

(7)针对高温灾害,相关部门和单位按照职责落实防暑降温保障措施,对老、弱、病、幼、孕人群提供防暑降温指导,并采取必要的防护措施;做好森林、草原和城乡防火工作,注意防范因用电量过高,以及电线、变压器等电力负载过大而引发的火灾;公众尽量避免在高温时段进行户外活动,高温条件下,作业的人员应当缩短连续工作时间。

(8)针对低温灾害,相关部门和单位按照职责做好防御低温的应急工作,加强交通管控和疏导,必要时针对结冰道路实行临时交通管制;加强输电供水管网、通信设施、城市交通的巡查,采取防滑防冻措施;做好农牧业防寒防冻和用火用电安全工作,防范非职业一氧化碳中毒事件发生。

(9)针对大风灾害,相关部门和单位按照职责做好防御大风的应急工作,暂停户外高空作业,加固户外设施、设备,切断危险电源;公众避免在玻璃门窗、危棚简屋、临时工棚附近以及广告牌、脚手架、塔吊等处逗留;机场、铁路、高速公路、水上交通等管理部门要采取安全保障措施,必要时暂停航班起降、公路通行、列车运行,及时组织水上作业和过往船舶回港避风。

(10)针对冰雹灾害,相关部门和单位按照职责做好防御冰雹的应急工作,气象部门做好人工防雹作业准备,并择机进行作业;公众暂停户外活动,妥善安置易受冰雹影响的室外物品、车辆、家禽、牲畜等到安全场所;根据冰雹灾害风险评估与区划结果,结合全省农业产业结构调整和经济发展需求,优化人影作业炮点布局,组织做好人工防雹作业,减轻冰雹灾害影响。

(11)针对雷电灾害,防雷安全重点单位应健全防雷安全生产责任制,切实履行防雷安全的企业主体责任,加强雷电灾害防范物防、技防、人防能力建设,开展雷电防御知识科普宣传、培训,完善雷电灾害监测预警和防御设施系统建设;根据国家、行业、地方相关技术规范、技术标准进行防雷装置设计、安装,做好防雷装置日常检查、维护,按规定开展雷电防护装置定期检测,对防雷安全隐患及时整改,有效预防雷电危害;对难以采取工程性措施的人员密集场所,应当采取非工程性措施防范雷电灾害影响。

(12)针对雪灾,相关部门和单位按照职责做好防雪灾的应急工作,交通、铁路、电力、通信等部门应当加强道路、铁路、线路巡查维护,做好道路清扫和积雪融化工作,适时关闭积雪结冰路段,必要时暂停航班起降和列车运行;备足农牧养殖业饲料,加固棚架和畜禽等易被雪压的临时搭建物。

附录 A 技术方法

A.1 归一化处理

归一化是将有量纲的数值经过变换,化为无量纲的数值,进而消除各指标的量纲差异。常见的两种归一化计算见公式(A.1)和公式(A.2)。

$$x' = \frac{x - x_{\min}}{x_{\max} - x_{\min}} \tag{A.1}$$

$$x' = 0.5 + 0.5 \times \frac{x - x_{\min}}{x_{\max} - x_{\min}} \tag{A.2}$$

式中,x'为归一化后的数据;x为样本数据;$x_{\min}$为样本数据中的最小值;$x_{\max}$为样本数据中的最大值。

A.2 Pearson 相关系数

皮尔逊(Pearson)相关系数是描述两个随机变量线性相关的统计量,一般简称为相关系数或点相关系数,用 r 来表示。它也可作为两总体相关系数 ρ 的估计。

设有两个变量 $x_1, x_2, \cdots, x_n$ 和 $y_1, y_2, \cdots, y_n$,相关系数计算见公式(A.3)。

$$r = \frac{\sum_{i=1}^{n}(x_i - \overline{x})(y_i - \overline{y})}{\sqrt{\sum_{i=1}^{n}(x_i - \overline{x})^2} \sqrt{\sum_{i=1}^{n}(y_i - \overline{y})^2}} \tag{A.3}$$

式中,x_i 为变量 x 的第 i 个值;y_i 为变量 y 的第 i 个值;$\overline{x}$ 为变量 x 的样本均值;$\overline{y}$ 为变量 y 的样本均值;n 为样本容量。

在给定显著性水平下,对计算出的相关系数根据相关系数检验表进行显著性检验。

A.3 自然断点法

自然断点法(Jenks Natural Breaks Method)是一种地图分级算法。该算法认为数据本身有断点,可利用数据这一特点进行分级。算法原理是一个小聚类,聚类结束条件是组间方差最大、组内方差最小。计算方法见公式(A.4)。

$$SSD_{i-j} = \sum_{k=i}^{j} A[k]^2 - \frac{\left(\sum_{k=i}^{j} A[k]\right)^2}{j - i + 1} \quad (1 \leqslant i < j \leqslant N) \tag{A.4}$$

式中，SSD 为方差；i、j 为第 i、j 个元素；A 为长度为 N 的数组；k 为 i、j 中间的数，表示 A 组中的第 k 个元素。

A.4 百分位数法

百分位数法又称为百分位数，是数据统计中一种常用的方法。具体定义为把一组统计数据按其数值从小到大顺序排列，并按数据个数 100 等分。在第 ρ 个分界点（称为百分位点）上的数值，称为第 ρ 个百分位数（$\rho=1,2,\cdots,99$）。在第 ρ 个分界点到第 $\rho+1$ 个分界点之间的数据，称为处于第 ρ 个百分位数。百分位数计算见公式（A.5）和公式（A.6）。

$$P_m = L + \frac{N \times m/100 - F_h}{f} \times i \tag{A.5}$$

$$P_m = U + \frac{(1-m/100) \times N - F_n}{f} \times i \tag{A.6}$$

式中，P_m 为第 m 个百分位数；N 为总频次；L 为 P_m 所在组的下限；U 为 P_m 所在组的上限；f 为 P_m 所在组的次数；F_h 为小于 L 的累积次数；F_n 为大于 U 的累积次数；i 为组距。

A.5 层次分析法

层次分析法（Analytic Hierarchy Process，AHP）是用来确定各评估因子的权重的方法，是将定量分析与定性分析结合起来，用决策者的经验判断各衡量目标之间能否实现的标准之间的相对重要程度，并合理地给出每个决策方案的每个标准的权数。

运用层次分析法解决问题的基本步骤如下：

(1) 建立层次结构模型。

(2) 构造判断（成对比较）矩阵。

通过各因素之间的两两比较确定合适的标度。在建立层次结构之后，需要比较因子及下属指标的各个比重，为实现定性向定量转化需要有定量的标度，此过程需要结合专家打分最终得到判断矩阵表格。

设置要比较 n 个因素 $y=(y_1,y_2,\cdots,y_n)$ 对目标 z 的影响，从而确定它们在 z 中所占的比重，每次取两个因素 y_i 和 y_j 用 a_{ij} 表示 y_i 与 y_j 对 z 的影响程度之比，按 1~9 的比例标度（表 A.1）来度量 a_{ij}，n 个被比较的元素构成一个两两比较（成对比较）的判断矩阵 $\mathbf{A}=(a_{ij})_{n \times n}$。显然，判断矩阵具有性质：

$$\mathbf{A} = \begin{pmatrix} a_{11} & a_{12} & \cdots & a_{1n} \\ a_{21} & a_{22} & \cdots & a_{2n} \\ \vdots & \vdots & & \vdots \\ a_{n1} & a_{n2} & \cdots & a_{nn} \end{pmatrix} \quad (a_{ij}>0, a_{ji}=\frac{1}{a_{ij}}, a_{ii}=1(i,j=1,2,\cdots,n)) \tag{A.7}$$

表 A.1 比例标度表

标度	定义（比较因素 i 与 j）
1	因素 i 与 j 同样重要
3	因素 i 与 j 稍微重要
5	因素 i 与 j 较强重要
7	因素 i 与 j 强烈重要
9	因素 i 与 j 绝对重要
2、4、6、8	两个相邻判断因素的中间值
倒数	因素 i 与 j 比较得到判断矩阵 a_{ij}，则因素 j 与 i 相比的判断矩阵为 $a_{ji}=1/a_{ij}$

（3）计算权重向量并做一致性检验。

判断矩阵 A 对应于最大特征值的特征向量 W，经归一化后便得到同一层次相应因素对于上一层次某因素相对重要性的权值。计算判断矩阵最大特征根和对应特征向量，并不需要追求较高的精确度，这是因为判断矩阵本身有相当的误差范围。而且优先排序的数值也是定性概念的表达，故从应用性来考虑也希望使用较为简单的近似算法。

完成单准则下权重向量的计算后，必须进行一致性检验。定义一致性指标为：

$$CI = \frac{\lambda_{\max}}{n-1} \quad (A.8)$$

式中，CI＝0，有完全的一致性；CI 接近于 0，有满意的一致性；CI 越大，不一致越严重。

（4）层次总排序及其一致性检验。

计算某一层次所有因素对于最高层相对重要性的权值，称为层次总排序。这一过程是从最高层次到最低层次依次进行的。

A.6 信息熵赋权法

信息熵表示系统的有序程度。在多指标综合评估中，信息熵赋权法可以客观地反映各评估指标的权重。一个系统的有序程度越高，则熵值越大，权重越小；反之，一个系统的无序程度越高，则熵值越小，权重越大。即对于一个评估指标，指标值之间的差距越大，则该指标在综合评价中所起的作用越大；如果某项指标的指标值全部相等，则该指标在综合评估中不起作用。

设评估体系是由 m 个指标 n 个对象构成的系统，首先计算第 i 项指标下第 j 个对象的指标值（r_{ij}）所占指标比重（P_{ij}）。

$$P_{ij} = \frac{r_{ij}}{\sum_{j=1}^{n} r_{ij}} \quad (i=1,2,\cdots,m; j=1,2,\cdots,n) \quad (A.9)$$

由信息熵赋权法计算第 i 个指标的熵值（S_i）。

$$S_i = -\frac{1}{\ln n} \sum_{j=1}^{n} P_{ij} \ln P_{ij} \quad (i=1,2,\cdots,m; j=1,2,\cdots,n) \quad (A.10)$$

$$\omega_i = \frac{1-S_i}{\sum_{i=1}^{m}(1-S_i)} \quad (i=1,2,\cdots,m) \quad (A.11)$$

计算第 i 个指标的熵权，确定该指标的客观权重（ω_i）。

A.7 投影寻踪模糊聚类

投影寻踪旨在挖掘数据的聚类结构，其原理作为直接由样本数据驱动进行数据挖掘分析，基于探索性和确定性分析的聚类与分类方法，将高（多）维数据通过投影到低维子空间，在一定程度解决多指标分类等非线性问题，减少人为的主观性操控，其方法如下：

（1）指标处理：消除量纲间的差异、统一变化范围。

（2）线性投影：随机抽取若干个初始投影方向 $a(a_1,a_2,\cdots,a_m)$ 进行计算，根据指标选大的原则，确定最大指标对应的解为最优投影方向，投影特征值 Z_i 的表达为：

$$Z_i = \sum_{j=1}^{m} a_j x_{ij} \tag{A.12}$$

（3）优化投影目标函数：投影值 Z_i 的分布特征应满足：整体上投影点团之间尽可能散开；局部投影点尽可能凝聚成单个的点团；故将目标函数 $T(a)$ 定义为类间距离 $L(a)$ 与类内密度 $d(a)$ 的乘积，即 $T(a) = L(a) \cdot d(a)$。

$$L(a) = \left[\sum_{j=1}^{n} \frac{(Z_j - \overline{Z}_a)^2}{n}\right]^{\frac{1}{2}} \tag{A.13}$$

式中，$\overline{Z}_a$ 为序列 $\{Z(i) | i = 1,2,\cdots,n\}$ 的均值，$L(a)$ 愈大，分布愈开。设投影特征值间的距离 $r_{ij} = |Z_i - Z_j|(i,j = 1,2,\cdots,n)$，则

$$d(a) = \sum_{i=1}^{n} \sum_{k=1}^{n} (R - r_{ik}) f(R - r_{ik}) \tag{A.14}$$

式中，$f(R - r_{ik})$ 为一阶单位阶跃函数，$R - r_{ik} \geqslant 0$ 时，其值为 1；$R - r_{ik} < 0$，其值为 0。

$$f(R - r_{ik}) = \begin{cases} 1 & R \geqslant r_{ik} \\ 0 & R < r_{ik} \end{cases} \tag{A.15}$$

式中，R 为估计局部散点密度的窗宽参数，按宽度内至少包括一个散点的原则选定，其取值与样本数据结构有关，可基本确定它的合理取值范围为 $r_{max} < R \leqslant 2m$，其中，$r_{max} = \max(r_{ik})$（$i, k = 1,2,\cdots,n$）。类内密度 $d(a)$ 愈大，分类愈显著。

当 $T(a)$ 取得最大值时，对应的投影方向即为寻找的最优投影方向。因而寻找最优投影方向的问题可转化为下列优化问题。

$$\begin{cases} \max T(a) = L(a) \cdot d(a) \\ \|a\| = \sum_{j=1}^{m} a_j^2 = 1 \end{cases} \tag{A.16}$$

（4）将最优投影方向代入对应的指标权重。

A.8 插值法

A.8.1 Kriging 插值法

Kriging（克里金法）就是根据一个区域内外若干信息样品的某些特征数据值，对该区域做

出一种线性无偏和最小估计方差的估计方法。从数学角度来说,是一种求最优线性无偏内插估计量的方法。克里金法的适用范围为区域化变量存在空间相关性,即如果变异函数和结构分析的结果表明区域化变量存在空间相关性,则可以利用克里金法进行内插或外推。其实质是利用区域化变量的原始数据和变异函数的结构特点,对未知样点进行线性无偏、最优估计。克里金法是通过对已知样本点赋权重来求得未知样点的值,表示为:

$$Z(x_0) = \sum_{i=0}^{n} w_i Z(x_i) \tag{A.17}$$

式中,$Z(x_0)$ 为未知样点的值;$\sum_{i=0}^{n} w_i Z(x_i)$ 为未知样点周围的已知样本点的值;w_i 为第 i 个已知样本点对未知样点的权重;n 为已知样本点的个数。与传统插值法最大的不同是,在赋权重时,克里金法不仅考虑距离,而且通过变异函数和结构分析,考虑了已知样本点的空间分布及与未知样点的空间方位关系。

A.8.2　LPI 插值法

局部多项式(LPI)插值方法是拟合处于指定重叠邻域内的指定阶(零阶、一阶、二阶、三阶等)多项式以生成输出表面,可以通过使用大小和形状、邻域数量和部分配置,可以对搜索邻域进行定义,或者可以使用探索性趋势面分析滑块同步更改带宽、空间条件数和搜索邻域值。

A.8.3　IDW 插值法

IDW(Inverse Distance Weighted)是一种常用而简便的空间插值方法,它以插值点与样本点间的距离为权重进行加权平均,离插值点越近的样本点赋予的权重越大。设平面上分布一系列离散点,已知其坐标和值为 $X_i, Y_i, Z_i (i=1,2,\cdots,n)$,通过距离加权值求 z 点值。IDW 通过对邻近区域的每个采样点值平均运算获得内插单元。这一方法要求离散点均匀分布,并且密度程度足以满足在分析中反映局部表面变化。